EUL VERLAG

EINZELSCHRIFTEN

Sylvia Heller
Die Bilanzierung von Versicherungsverträgen nach IFRS –
Eine ökonomische Analyse
Lohmar – Köln 2009 • 304 S. • € 59,- (D) • ISBN 978-3-89936-795-9

Thomas M. Woytt
Fremdfinanzierungsratgeber für kleine Unternehmen
Lohmar – Köln 2009 • 68 S. • € 19,90 (D) • ISBN 978-3-89936-800-0

Christiane Büch
Bewertung von Investitionen in der immobilienwirtschaftlichen Projektentwicklung anhand eines modularen Realoptionsmodells
Lohmar – Köln 2009 • 260 S. • € 57,- (D) • ISBN 978-3-89936-802-4

Lesya Zalenska
Bildungsbedarfsanalyse in Unternehmen
Lohmar – Köln 2009 • 148 S. • € 43,- (D) • ISBN 978-3-89936-804-8

Antje Beier
Die Nachfrage nach M&A-Dienstleistungen – Eine Analyse des Beschaffungsprozesses und der Auswahlkriterien
Lohmar – Köln 2009 • 348 S. • € 63,- (D) • ISBN 978-3-89936-809-3

Joachim H. Jürgens
Überlebensstrategien für ambulante Pflegedienste –
Eine Marktstudie
Lohmar – Köln 2009 • 132 S. • € 41,- (D) • ISBN 978-3-89936-810-9

Andreas Schlechtweg
Entscheidungsmodell für ein zeitorientiertes Entwicklungskosten-Controlling
Lohmar – Köln 2009 • 240 S. • € 56,- (D) • ISBN 978-3-89936-813-0

Stephan R. Lüdtke
Kundenbindung im Ethnomarketing der Stromversorger –
Eine empirische Untersuchung am Beispiel der Berliner Deutschtürken
Lohmar – Köln 2009 • 132 S. • € 42,- (D) • ISBN 978-3-89936-816-1

JOSEF EUL VERLAG

Stephan R. Lüdtke

Kundenbindung im Ethnomarketing der Stromversorger

Eine empirische Untersuchung am Beispiel der Berliner Deutschtürken

EUL VERLAG

Bibliographische Information der Deutschen Bibliothek

Die Deutsche Bibliothek verzeichnet diese Publikation in der Deutschen Nationalbibliothek; detaillierte bibliographische Daten sind im Internet über <http://dnb.ddb.de> abrufbar.

ISBN 978-3-89936-816-1
1. Auflage Juli 2009

JOSEF EUL VERLAG GmbH
Brandsberg 6
D-53797 Lohmar
Tel.: +49 (0) 22 05 / 90 10 6-6
Fax: +49 (0) 22 05 / 90 10 6-88
http://www.eul-verlag.de
info@eul-verlag.de

Bei der Herstellung unserer Bücher möchten wir die Umwelt schonen. Dieses Buch ist daher auf säurefreiem, 100% chlorfrei gebleichtem, alterungsbeständigem Papier nach DIN 6738 gedruckt.

Vorwort

Die Deutschtürken und auch die Stromwirtschaft wurden bereits mehrfach separat in der wissenschaftlichen Literatur betrachtet. Allerdings existierte bisher keine Arbeit, die sich mit den Deutschtürken im Strommarkt befasst. Die vorliegende Diplomarbeit soll diese Lücke schließen. Sie zeigt Stromversorgern Möglichkeiten zur Gestaltung des Marketing Mix auf, damit zwischen Deutschtürken und Stromanbietern eine langjährige Geschäftsbeziehung zu Stande kommt.

Ich möchte mich an dieser Stelle ganz herzlich für die zahlreiche Unterstützung bedanken. Ganz besonders danke ich Herrn Prof. Dr. Harald Rüggeberg von der Hochschule für Wirtschaft und Recht. In unseren Gesprächen erhielt ich wertvolle Hinweise und Anregungen, die das Ergebnis der Arbeit verbesserten. Auch der Zweitkorrektorin Frau Dr. Andrea-Hilla Carl sei herzlich gedankt.

Des Weiteren möchte ich mich bei Herren Bekir Aga, Deniz Leue und Günay Saglam bedanken, die mir aufgrund nicht vorhandener türkischer Sprachkenntnisse bei der Übersetzung des Fragebogens halfen und mir Zugang zur türkischen Community in Berlin verschafften. Meine Dankbarkeit gilt ebenso den Anhängern des türkischen Kulturvereins in Berlin-Kreuzberg und den zahlreichen türkischen und deutschtürkischen Mitgliedern des Portals studiVZ.net.

Mein Dank gilt auch Frau Monika Krüger von der Vattenfall Berlin AG & Co. KG für ihre Unterstützung. Als Letztes möchte ich meiner Familie und meiner Freundin Kristina Schinke für die Unterstützung und ihr Verständnis danken.

Stephan R. Lüdtke

Inhaltsverzeichnis

Abbildungsverzeichnis

Abkürzungsverzeichnis

aktual.	Aktualisierte
AKW	Atomkraftwerk
Aufl.	Auflage
BRD	Bundesrepublik Deutschland
Bspw.	Beispielsweise
bzw.	Beziehungsweise
d. h.	das heißt
etc.	et cetera
evtl.	Eventuell
f.	Folgende
ff.	Fortfolgend
ggf.	Gegebenenfalls
Hrsg.	Herausgeber
i. d. R.	in der Regel
i. e. S.	im engeren Sinn
i. S. v.	im Sinne von
i. w. S.	im weiteren Sinn
PKW	Personenkraftwagen
StJ	statistisches Jahrbuch
u. a.	unter anderem
u. U.	unter Umständen
überarb.	Überarbeitete
z. B.	zum Beispiel
z. T.	zum Teil
ZFP	Zeitschrift für Forschung und Praxis

1 Einleitung

Strom ist „gelb", „sauber" oder „lekker". Mit diesen oder ähnlichen Werbeslogans gehen verschiedene Stromanbieter auf Kundenfang[1]. Seit der Liberalisierung des deutschen Strommarktes 1998 können die Konsumenten ihren Stromversorger frei wählen. Dabei haben gerade die Berliner Privatkunden die „Qual der Wahl", denn in der Hauptstadt können sie zwischen rund 60 verschiedenen Anbietern wählen. Damit ist Berlin in puncto Strom der wettbewerbsintensivste Markt in Deutschland. Dieser Wettbewerb hat – gerade in den vergangenen Monaten – zu erheblichen Kundenwanderungen und somit zu Marktanteilsverschiebungen geführt (Frese, 2007, S.17). Der Stromanbieter Vattenfall, der den Ex-Monopolisten Bewag übernahm, ist besonders schwer von Kundenverlusten betroffen. Die Kundenbindung stellt für das Unternehmen demzufolge ein interessantes und wichtiges Thema dar. Jedoch ist sie nicht nur für Vattenfall von Relevanz, denn auch die mit der Liberalisierung neu entstandenen Anbieter haben bereits mit Kundenfluktuation zu kämpfen. Somit ist die Bindung von Kunden für alle Berliner Stromanbieter ein wichtiges Thema, das sogar zukünftig noch an Bedeutung gewinnt, denn der Strommarkt ist kein Wachstumsmarkt. In Deutschland sind so gut wie alle Haushalte an das Versorgungsnetz angeschlossen. Ein wesentlicher Zuwachs an Kunden und Stromverbrauch erscheint unwahrscheinlich. Im Gegenteil: Der Stromverbrauch Deutschlands sinkt. Dieser Trend wird sich weiter fortsetzen, obwohl die Anzahl der elektrischen Geräte in den Haushalten kontinuierlich steigt. Allerdings werden diese immer effizienter, und gleichzeitig gehen die Verbraucher immer bewusster mit Strom um, nicht zuletzt wegen der steigenden Preise und des wachsenden Umweltbewusstseins (VDEW, 2006, S. 8 f.).

Diese Entwicklung zeigt deutlich, dass es für die Energieversorger enorm wichtig ist, die aktuellen Kunden an das Unternehmen zu binden, um auch in Zukunft Umsätze und Gewinne zu erwirtschaften. Studien ergaben, dass es sieben- bis neunmal teurer ist, einen neuen Kunden zu gewinnen, als einen bestehenden zu halten. Ferner wurde nachgewiesen, dass Stamm-

---

[1]Der Begriff Stromanbieter beschreibt ein Unternehmen, das Strom für den Endkunden anbietet. Ob der Anbieter dabei selbst Strom erzeugt oder ihn lediglich an Endkunden verkauft, ist für diese Arbeit irrelevant. Im weiteren Verlauf der Arbeit werden die Begriffe: Stromversorger und -anbieter sowie Unternehmen synonym verwendet. Teilweise wird auch auf das Präfix Strom verzichtet. Unter Kunden versteht diese Arbeit Marktteilnehmer (Privatpersonen), die mehrmals eine Leistung beziehen. Neben Kunden werden auch die Begriffe Konsument, Verbraucher und Nachfrager gleichbedeutend verwendet. Gleichzeitig möchte der Autor an dieser Stelle anmerken, dass mit den verwendeten Begriffen Kunde, Verbraucher etc. auch immer das weibliche Geschlecht mit eingeschlossen ist.

kunden Leistungen öfter beziehen bzw. eine größere Menge nachfragen, weitere Leistungen erwerben und sich in ihrem Umfeld positiv über das Unternehmen äußern. Somit wird deutlich, dass Kundenbindung einen ökonomischen Beitrag zum Unternehmenserfolg leistet (Kreutzer, 2006, S. 74).

Um Kunden an das Unternehmen zu binden, ist es erforderlich, deren Bedürfnisse und Wünsche zu berücksichtigen. Dabei ist es leicht nachvollziehbar, dass ein 70-Jähriger andere Bedürfnisse besitzt als ein 18-Jähriger und auch anders angesprochen werden möchte. Aus diesem Grund ist eine Massenmarktstrategie nicht zielführend. Deshalb wird der gesamte Markt in mehrere Teilmärkte bzw. Segmente aufgeteilt. Diese Marktsegmentierung hat das Ziel, für jedes Segment einen spezifischen Marketing Mix[2] zu entwickeln, der auf die Bedürfnisse und Wünsche des Teilmarktes ausgerichtet ist. Dabei ist es wichtig, dass innerhalb des Segments eine gewisse Ähnlichkeit vorhanden ist und dieses sich klar von anderen Teilmärkten unterscheidet. Um die verschiedenen Segmente zu bilden, werden bestimmte Kriterien, bspw. demographische (Alter, Geschlecht, Wohnort) oder psychographische (Persönlichkeitsmerkmale, Lebensstil), herangezogen (Kreutzer, 2006, S. 108 ff.).

Ferner ist auch die Unterteilung des Marktes nach Zielgruppen gängig. Gerade dieser Ansatz gewinnt zunehmend an Bedeutung. An der steigenden Fokussierung der Unternehmen auf das Segment der Senioren oder der ausländischen Mitbürger ist das erkennbar. Letzteres wird auch oftmals als Ethno-Marketing bezeichnet bzw. damit in Verbindung gebracht, wobei eine einheitliche Definition des Begriffs nicht existiert (Cinar, 2003, S. 24). Einige Autoren verstehen darunter lediglich kommunikative Ansprache (Ethno-Werbung) der Zielgruppe. Andere fassen den Begriff breiter und verstehen darunter die Ausrichtung des gesamten Marketing Mixes (Kraus-Weysser/Ugurdemir-Brincks, 2002, S. 16 ff.). Auch die vorliegende Arbeit

[2]Unter dem Marketing Mix werden sämtliche Marketinginstrumente subsumiert, die ein Unternehmen verwendet, um die Preis-, Produkt-, Kommunikations- und Distributionspolitik zu gestalten. Der klassische Marketing Mix beinhaltet alle vier Instrumente, die voneinander unabhängig betrachtet werden. Genau diese unabhängige Betrachtung ist aber der entscheidende Schwachpunkt, denn Preis und Produkt bzw. Leistung sollten nicht isoliert voneinander betrachtet werden. Vielmehr sind sie dahingehend verbunden, dass Preis und Produkt bzw. Leistung in einem angemessenen Verhältnis zueinanderstehen sollten, was auch mit dem Begriff Preis-Leistungsverhältnis zum Ausdruck gebracht wird. Aufgrund der gerechtfertigten Kritik existiert auch eine 3er Systematik, die die Instrumente Preis und Produkt bzw. Leistung unter der Angebotspolitik zusammenfasst. (Becker, 2006, S. 487 f.). Die vorliegende Diplomarbeit teilt diesen Einwand und legt deshalb den Marketing Mix bestehend aus Angebots-, Distributions- und Kommunikationspolitik zu Grunde.

folgt der Sichtweise, dass Ethno-Marketing sämtliche Marketinginstrumente enthalten muss. Demnach sollte auch das Produkt speziell auf die ethnische Zielgruppe ausgerichtet bzw. angepasst werden können, wie es bspw. die Telekommunikations- oder die Lebensmittelbranche praktizieren.[3] Aufgrund dieses Verständnisses und der Tatsache, dass Strom ein Produkt ist, das sich in keinerlei Hinsicht ethnisch differenzieren lässt, ist es sinnvoller, von ethnospezifischem Marketing zu sprechen. Darunter ist zu verstehen, dass es sich um Marketing handelt, das auf die sprachlichen, religiösen, moralischen und ästhetischen Befindlichkeiten der Zielgruppe eingeht. Somit handelt es sich beim ethnospezifischen Marketing um eine Form des Zielgruppenmarketings, wobei die Zielgruppe eine Ethnie bzw. Volksgruppe darstellt (Cinar, 2003, S. 24). In Deutschland sind es hauptsächlich die Türken bzw. Deutschtürken[4], die in den Blickpunkt der Unternehmen gerückt sind, da sie mit circa 2.6 Millionen die größte ethnische Minderheit darstellen und eine relativ homogene Gruppe bilden. Sie sind im Vergleich zur deutschen Mehrheitsgesellschaft bedeutend jünger (70% sind unter 36 Jahren) und verfügen über ein attraktives Vermögen (Nettokaufkraft rund 16.8 Mrd. und Sparvolumen 25.5 Mrd. Euro). Des Weiteren sind sie konsumfreudige, markenbewusste und aufgeschlossene Konsumenten. Bisher sind es vor allem Banken, Telekommunikationsanbieter, die Automobilindustrie sowie teilweise die Lebensmittel- und die Energiebranche, die dieses Segment für sich entdeckt haben. Dabei können gerade Energieversorgungsunternehmen von einem auf Deutschtürken ausgerichteten Marketing Mix profitieren. Denn einerseits leben sie in Mehrpersonen-haushalten, die größer sind als die deutschen Vergleichshaushalte, und andererseits sind vergleichsweise mehr Haushaltsgeräte vorhanden. Beide Tatsachen lassen auf einen höheren Stromverbrauch schließen (Cinar, 2003, S. 29). Ferner sind besonders die jungen Deutschtürken ungemein technikaffin, was ebenfalls zu einem höheren Stromverbrauch beiträgt (Valiente/Yetgin, 2006, S. 133). Darüber hinaus

[3]Beide Branchen richten ihr Produkt auf ethnische Minderheiten aus. In der Telekommunikationsbranche existieren zahlreiche Tarife, die es z. B. den Deutschtürken ermöglicht günstig in die Türkei zu telefonieren und die Lebensmittelbranche bietet Fleisch an, das nach islamischen Reinheitsrichtlinien geschlachtet worden ist (Aygün, 2005, S. 71).

[4]Bei Türken handelt es sich um Personen, die die türkische Staatsbürgerschaft besitzen. Deutschtürken sind dagegen deutsche Staatsangehörige mit türkischem Migrationshintergrund. Da für diese Arbeit die türkischen Wurzeln, d. h. mindestens eine Person der Eltern- oder Großeltern stammt aus der Türkei, entscheidend sind, die anders als die Staatszugehörigkeit nicht einfach abgelegt werden können, sind für die vorliegende Diplomarbeit sowohl die Türken als auch die Deutschtürken interessant. In der Regel sind die Worte Türke oder auch Deutschtürke negativ besetzt, weswegen einige Autoren lieber Begriffe wie türkische Bürger oder Deutsche türkischer Abstammung verwenden (Kielmann, 2004, S. 9). Diese Arbeit verwendet aus Vereinfachungsgründen den Begriff Deutschtürken, der Türken und Deutsche türkischer Abstammung zusammenfasst. Gleichzeitig möchte der Autor darauf hinweisen, dass dies in keiner Weise diskriminieren soll. Wird an der einen oder anderen Stelle zwischen Türken und Deutschtürken unterschieden, so wird ausdrücklich darauf hingewiesen.

handelt es sich bei Strom um ein komplexes und erklärungsbedürftiges Produkt (Kraus-Weysser/Ugurdemir-Brincks, 2002, S. 14). Somit kann davon ausgegangen werden, dass, sofern die Stromversorger auf die Bedürfnisse und Wünsche der Deutschtürken eingehen, diese es ihnen mit langjährigem Strombezug „danken".

Aufgrund der Attraktivität und auch der zukünftig zunehmenden Bedeutung der deutschtürkischen Konsumenten hat diese Arbeit zum Ziel, Energieversorgern Möglichkeiten aufzuzeigen, wie sie die deutschtürkischen Verbraucher an sich binden können, um auf lange Sicht von ihnen zu profitieren. Als Ergebnis sollen Handlungsempfehlungen für die Ausgestaltung des Marketing Mix für deutschtürkische Berliner Privatkunden gegeben werden. Aus dieser Zielstellung ergeben sich drei Forschungsfragen:

- **I.** Wie lassen sich deutschtürkische Konsumenten an Unternehmen binden?
- **II.** Welche Besonderheiten weisen die Deutschtürken auf?
- **III.** Welche Anforderungen muss der Marketing Mix erfüllen, um die deutschtürkische Zielgruppe erfolgreich zu binden?

Ausgehend von den Forschungsfragen ergibt sich auch die weitere Vorgehensweise der Arbeit. Im nachfolgenden Kapitel werden die theoretischen Grundlagen der Kundenbindung betrachtet. Im Anschluss daran wird näher auf die Besonderheiten der deutschtürkischen Konsumenten eingegangen. Dabei orientiert sich dieser Abschnitt an ausgewählten Determinanten des Konsumentenverhaltens. Daran schließt sich das Kapitel zum Berliner Strommarkt an. Ziel dieses Gliederungspunktes ist es, zum einen auf die Kundenbindung und zum anderen auf die Deutschtürken im Strommarkt einzugehen. Allerdings wird auch schon in den beiden vorherigen Abschnitten an geeigneter Stelle auf den Strommarkt verwiesen. Im fünften Kapitel befindet sich der Empirieteil. Schon an dieser Stelle kann gesagt werden, dass der Verfasser bei seinen Recherchen keinerlei öffentliche Studien über Deutschtürken im Strommarkt fand. Im vorletzten Gliederungspunkt gibt der Autor Handlungsempfehlungen zur Gestaltung des Marketing Mix. Die Arbeit wird mit einer Schlussbemerkung und einem Ausblick beendet.

2 Theoretische Grundlagen der Kundenbindung

2.1 Begriffsbestimmung der Kundenbindung

Es wurde bereits erwähnt, dass Kundenbindung für die Energiebranche – wie für alle gesättigten Märkte – ein äußerst relevantes Thema darstellt. Aus diesem Grund sind in der vergangenen Zeit sowohl in der Wissenschaft als auch in der Wirtschaft zahlreiche Publikationen mit unterschiedlichen Ansätzen entstanden (Dittrich, 2000, S. 1 f.). Allgemein betrachtet, handelt es sich bei der Kundenbindung um den Aufbau und die Aufrechterhaltung einer Geschäftsbeziehung, wobei darunter eine auf mehrmalige Transaktionen ausgerichtete Austauschbeziehung zwischen einem Anbieter und einem Nachfrager verstanden wird. Daraus ergibt sich, dass Kundenbindung das Ziel verfolgt, einen kontinuierlichen Leistungsaustausch sicherzustellen, d. h. Folge- und Wiederkäufe zu generieren. Gleichzeitig umfasst sie nicht nur – wie klassischerweise oftmals angenommen – persönliche Kontakte, sondern kann sich auch auf Produkte, Unternehmen, Marken, Personal und Technologien beziehen (Diller, 1996, S. 82 f.).

Die Wissenschaft beschäftigt sich nicht erst seit Zunahme der gesättigten Märkte mit den Determinanten des Folge- und Wiederkaufverhaltens, sondern bereits im Jahr 1920 entstanden erste Forschungsarbeiten (Homburg/Bruhn, 2005, S. 7). Jedoch etablierte sich die Erforschung des Konsumentenverhaltens und damit des Folge- und Wiederkaufverhaltens erst um 1960 im Marketing. Ziel der Konsumentenforschung ist es, das Verhalten der Konsumenten zu erklären und daraus Schlussfolgerungen für die Praxis abzuleiten. Dabei berücksichtigt die Konsumentenforschung i. e. S. menschliches Verhalten beim Kauf und Konsum und i. w. S. das Verhalten von Endnutzern, also jegliches menschliche Verhalten, was auch das Verhalten von Wählern, Patienten und Kirchgängern miteinschließt. Aus diesem Grund wird die Konsumentenforschung i. w. S. auch als Verhaltenswissenschaft aufgefasst (Kroeber-Riel/Weinberg, 2003, S. 3 ff.).

Da sich Wissenschaftler aus verschiedenen Bereichen seit nunmehr 80 Jahren mit dem Wiederkaufverhalten beschäftigen, existieren auch zahlreiche Ansätze. Jedoch können diese stark vereinfacht in behavioristische, neobehavioristische und kognitive Forschungsansätze eingeteilt werden. Der behavioristische Erklärungsansatz geht davon aus, dass das Verhalten ausschließlich über beobachtbare und messbare Variablen zu erfassen ist. Demnach geht jeglichem menschlichen Verhalten (z. B. der Kauf eines Produktes) ein bestimmter Stimulus (bspw. eine Anzeige in einer Tageszeitung) voraus. Allerdings vernachlässigt diese Betrachtung die psychischen Prozesse des Konsumenten, diese werden als Blackbox und damit als nicht ermittelbar angesehen. Dagegen berücksichtigt der neobehavioristische Ansatz neben den beobachtbaren und messbaren Variablen auch die im Organismus ablaufenden, nicht direkt beobachtbaren Prozesse. Nach diesem Verständnis wird ein bestimmter Stimulus (bspw. eine Anzeige in einer Tageszeitung) durch die Einstellung (Organismus) zum Produkt positiv (negativ) verstärkt und hat zur Folge, dass das Produkt gekauft (nicht gekauft) wird. Kritisch wird jedoch gesehen, dass die Informationsverarbeitungsprozesse nur geringfügig berücksichtigt werden. Diesen Schwachpunkt greifen die kognitiven Erklärungsansätze auf, die sich den Variablen Lernen, Denken und Wissen widmen. So könnte z. B. das neue Auto des Nachbarn (Stimuli) für jemanden zum Anlass werden, ebenfalls nach einem neuen PKW zu suchen. Dabei wird sich die Person genau überlegen, welche Wagen mit welcher Ausstattung infrage kommen. Nach sorgfältigem Für und Wider, bei dem sowohl gefühlsmäßige (z. B. Wagenfarbe) als auch rationale (bspw. Motorleistung) Bestandteile berücksichtigt wurden, wird sich die Person für ein Auto entscheiden (Meffert, 2000, S. 99). Erst in den Neunzigern folgten umfassende Arbeiten, die das Ziel hatten, den Unternehmen Möglichkeiten zur Bindung der Kunden aufzuzeigen (Homburg/Bruhn, 2005, S. 5). Im Zuge dieser Entwicklung entstanden spezielle Kundenbindungsmaßnahmen, wie Kundenclubs, -karten und –zeitschriften (Meffert, 2005, S. 159).

Es wurde bereits dargelegt, dass Kundenbindung zum Ziel hat, einen kontinuierlichen Leistungsaustausch zu gewährleisten. Deshalb wird sie als eine systematische Kette von Transaktionen zwischen einem Anbieter und einem Nachfrager aufgefasst. Systematisch bedeutet in diesem Zusammenhang, dass entweder auf Anbieter- oder Kundenseite Gründe existieren, die zu einer planmäßigen Verknüpfung zwischen den einzelnen Transaktionen führen. Diese Gründe können einerseits auf Freiwilligkeit basieren, d. h., es ist für den Kunden sinnvoll oder vorteilhaft, die Beziehung aufrechtzuerhalten, oder aber auf Unfreiwilligkeit, das bedeutet, ein Folgekauf wird erzwungen (Peter, 1999, S. 7). Daraus ergibt sich, dass Kundenbindung einerseits einen zeitlichen Zusammenhang aufweist und andererseits aus unterschiedlichen Perspektiven betrachtet werden kann. Der zeitliche Zusammenhang lässt sich in die beiden Dimensionen tatsächliches Verhalten und Verhaltensabsichten unterteilen (siehe

Abbildung 1) (Bruhn/Homburg, 2005, S. 8). Während das tatsächliche Verhalten eine vergangenheitsbezogene Dimension darstellt, handelt es sich bei der Verhaltensabsicht um eine zukunftsbezogene. Dabei werden dem tatsächlichen Verhalten die Faktoren Wiederkauf, Cross-Buying, Weiterempfehlung und Preiserhöhungsakzeptanz zugeordnet und der Verhaltensabsicht die Faktoren Wiederkauf-, Cross-Buying-, Weiterempfehlungsabsicht und Preiserhöhungstoleranz (Bruhn/Homburg, 2005, S. 9).

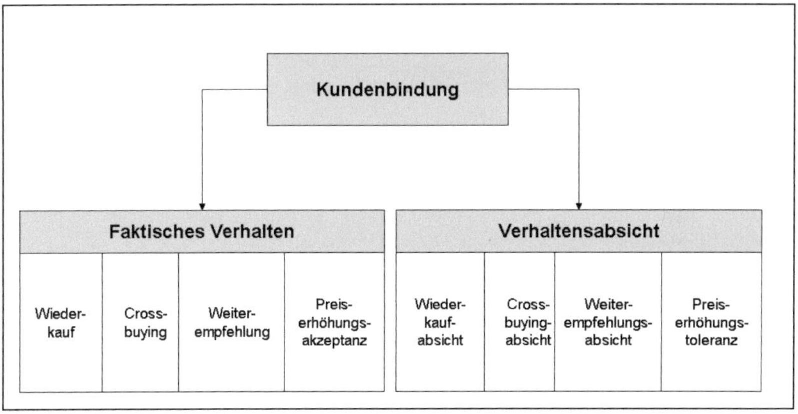

Abbildung 1: Konzeptionalisierung der Kundenbindung, (Bruhn/Homburg, 2005, S. 9)

Die Faktoren der beiden Dimensionen werden auch als Indikatoren aufgefasst. Demnach ist ein Kunde, der Leistungen eines bestimmten Anbieters erneut nachfragt, ihn in seinem Umfeld weiterempfiehlt und weitere Produkte des Anbieters erwerben möchte, an diesen gebunden (Eggert, 2000, S. 120). Allerdings ist diese Sichtweise nicht kritiklos, denn die Indikatoren berücksichtigen eher die vom Anbieter gewünschten Ergebnisse anstatt die Ursachen (Weinberg/Terlutter, 2005, S. 46). Da die Unterteilung in Anbieter- und Nachfragerperspektive in der Literatur breite Anerkennung erfahren hat, werden beide Sichtweisen in den nächsten beiden Gliederungspunkten separat behandelt.

2.1.1 Kundenbindung aus Anbieterperspektive

Kundenbindung aus Anbietersicht wird auch Kundenbindungsmanagement genannt, weil das Unternehmen versucht die Bindung mithilfe von Instrumenten (bspw. Marketing Mix, Kundenkarten und –clubs) aufrechtzuerhalten, zu intensivieren und zu seinen Gunsten zu steuern. Demnach kann unter Kundenbindungsmanagement die systematische Analyse, Planung, Durchführung sowie Kontrolle sämtlicher Maßnahmen, die auf die aktuellen Kunden eines Unternehmens ausgerichtet sind, verstanden werden (Bruhn/Homburg, 2005, S. 8). Die Aufrechterhaltung und Intensivierung soll nach Meffert – der ebenfalls zwischen einer anbieter- und nachfragerbezogenen Perspektive unterscheidet – mithilfe von emotionalen und faktischen Bindungen erfolgen. Beide Bindungen haben das Ziel, einen Wechsel auszuschließen. Allerdings ist bei der faktischen Bindung ein dauerhafter Ausschluss nicht möglich, weswegen Meffert die Meinung vertritt, dass lediglich zwischenzeitlich die Wechselbereitschaft des Kunden verringert werden kann (Meffert, 2005, S. 149 ff.). Auch Dittrich vertritt die Auffassung, dass die faktische Bindung nicht i. S. v. absolut gesehen werden kann. Laut ihr existieren absolute Wechselbarrieren nur dann, wenn ein Anbietermonopol vorliegt, der Kunde die Leistung nicht selbst produzieren kann und ein Verzicht nicht möglich ist (Dittrich, 2000, S. 65). Die vorliegende Diplomarbeit schließt sich den Sichtweisen beider Autoren an, da es sich beim Strommarkt um einen liberalisierten Markt handelt. Für die überwiegende Anzahl der Kunden ist ein Verzicht auf elektrische Energie ausgeschlossen. Auch die Eigenerzeugung von Strom ist für die Mehrheit der Konsumenten nicht möglich. Aus diesen Gründen erscheint es erforderlich, den Begriff faktisch nicht i. S. v. absolut zu sehen, sondern als Synonym von tatsächlich oder existent.

Nach Meffert wird die faktische Bindung durch eine technisch-funktionale, vertragliche und ökonomische Bindung erzeugt, wobei er davon ausgeht, dass es sich um verschiedene Kundenbindungen handelt. Die technisch-funktionale Bindung kann einerseits durch den Verbund von Kern- und Zusatzleistung erzeugt werden (z. B. der Kundendienst im Automobilbereich, Schulungsleistungen oder Servicekomponenten im EDV-Bereich) und andererseits durch Erweiterungs- und Folgekäufe (bspw. Möbel, Rasierklingen, Lego-System-Spielzeug), wobei sich bei Letzteren die Abhängigkeit des Verbrauchers noch erhöht, da diese nur untereinander kompatibel sind (Meffert, 2005, S. 158). Bei der vertraglichen Bindung wird der Kunde durch einen Vertrag an den Anbieter gebunden. Für beide Parteien ergeben sich aus diesem sowohl Rechte (bspw. die Leistungserbringung des Anbieters) als auch Pflichten

(z. B. die Zahlung des Kaufpreises auf Kundenseite), die auch im Falle der Nichterfüllung juristisch einklagbar sind (Dittrich, 2000, S. 69). Als Beispiel können die Garantiebedingungen im Automobilbereich, der Leasingvertrag oder das Zeitungsabonnement genannt werden. Im Rahmen der ökonomischen Wechselbarriere geht es darum, die Geschäftsbeziehung so zu gestalten, dass ein Wechsel des Kunden mit tatsächlichen oder wahrgenommenen Kosten – so genannten Wechselkosten – verbunden ist und aus diesem Grund unterbleibt (Meffert, 2005, S. 157 ff.). Dabei umfassen Wechselkosten nicht nur Kosten i. S. v. monetären Aufwendungen, sondern auch nicht-monetäre, bspw. entgehende Vorteile, wie die Frequent-Flyer-Programme von Fluggesellschaften, die mit der Geschäftsbeziehung verbunden sind (Tomczak et al., 2004, S. 127). Die Begriffe Wechselkosten und -barrieren werden oftmals – fälschlicherweise – synonym verwendet. Dabei können Wechselbarrieren als Hindernisse i. S. v. Maßnahmen, die einen Wechsel erschweren, aufgefasst werden. Dagegen entstehen Wechselkosten (bspw. Vertragsauflösungsgebühren) nur dann, wenn der Kunde die Wechselbarrieren (z. B. vertragliche) überwinden möchte (Henseler, 2006a, S. 62 f.).

In der Literatur werden folgende Wechselkosten unterschieden: direkte Wechselkosten, Lernkosten, künstliche oder vertragliche Kosten und psychologische Wechselkosten. Direkte Kosten sind all jene Kosten, die anfallen, um ein Produkt bei einem Konkurrenten zu erwerben. Darunter fallen bspw. die anfallenden Fahrtkosten und auch die Zeit, die aufgewendet werden muss, um die Alternative zu suchen, zu bewerten und letztlich zu kaufen. Bei den Lernkosten handelt es sich um Wissen und bereits gesammelte Erfahrungen mit dem bisherigen Anbieter, die bei einem Wechsel verloren gehen. Somit muss der Kunde erneut mit dem spezifischen Wissens- und Erfahrungsaufbau beginnen, was u. U. bedeutet, dass Schulungen erforderlich sind, um z. B. ein neues EDV-System oder eine Maschine bedienen zu können. Künstliche oder vertragliche Kosten sind Kosten die ein Unternehmen selbst kreiert. Darunter fallen Auflösungsgebühren, bspw. Vertragsstrafen bei vorzeitiger Auflösung, oder aber der Verlust von Vorteilen, z. B. durch Bonusprogramme bei Fluggesellschaften (Frequent-Flyer-Programme) oder Rabattsysteme im Handel (Payback oder Happy Digits). Psychologische Kosten führen dazu, dass ein Kunde nicht allein aufgrund finanzieller Überlegungen kauft, sondern aus Zufriedenheit, weil er dem Anbieter vertraut und sich diesem ggf. innerlich verpflichtet fühlt (Tomczak et al., 2004, S. 126 ff.). Neben Maßnahmen zur Steigerung der Zufriedenheit (bspw. Erwartungsmanagement) und des Vertrauens kann der Anbieter aber auch an das mit dem Wechsel verbundene Risiko appellieren, was dazu führen kann, dass der Kunde seine Wechselgedanken verdrängt. (Salmen, 2004, S. 130). Damit zielen die psychologischen Wechselkosten auf die inneren Prozesse des Konsumenten ab, die die Determinanten der emotionalen Bindung darstellen[5] (Tomczak/Dittrich, 1997, S. 14).

Abschließend bleibt festzuhalten, dass bei der Kundenbindung aus Anbietersicht, der Anbieter die treibende Kraft ist, d. h., dieser versucht, den Konsumenten auch „gegen seinen Willen" an das Unternehmen zu binden. Um dieses Ziel zu erreichen, kreiert der Anbieter Barrieren (rechtlicher, technisch-funktionaler, ökonomischer und psychologischer bzw. emotionaler Art), die den Wechsel erschweren bzw. dafür sorgen, dass dieser zumindest temporär unterbleibt.

2.1.2 Kundenbindung aus Nachfragerperspektive

Die nachfragerbezogene Perspektive versucht die beim Konsumenten ablaufenden Prozesse zu verstehen, um diese zu beeinflussen (Weinberg/Terlutter, 2005, S. 43). Somit versucht diese Sichtweise, herauszufinden, warum die Konsumenten wiederholt bei einem Anbieter kaufen. Die Autoren Meyer und Oevermann führen die Kundenbindung auf fünf Bindungsursachen zurück. Sie unterscheiden dabei situative, vertragliche, ökonomische, technisch-funktionale und psychologische Bindungsursachen. Situative Ursachen beziehen sich auf äußere Faktoren, bspw. der günstige Standort des Anbieters oder die großzügigen Öffnungszeiten. Demnach wird ein Anbieter als günstig beurteilt und wiederholt aufgesucht, weil es für den Kunden bequem ist, bei diesem einzukaufen. Als Beispiele können Lebensmitteleinkäufe oder der tägliche Zeitungskauf genannt werden (Bagusat, 2006, S. 85).

Die vertragliche, ökonomische und technisch-funktionale Bindungsursache ist inhaltlich mit den gleichnamigen Kundenbindungen von Meffert identisch, weshalb die ersten vier Bindungsursachen von Meyer und Oevermann mit der faktischen Bindung gleichgesetzt werden können und die psychologischen Bindungsursachen mit der emotionalen Bindung (siehe Abbildung 2) (Homburg/Bruhn, 2005, S. 10f.).

---

[5]Die beiden Begriffe psychologisch und emotional werden in der Marketingliteratur im Zusammenhang mit der Kundenbindung oftmals synonym verwendet, da sich beide auf den inneren Zustand des Kunden beziehen.

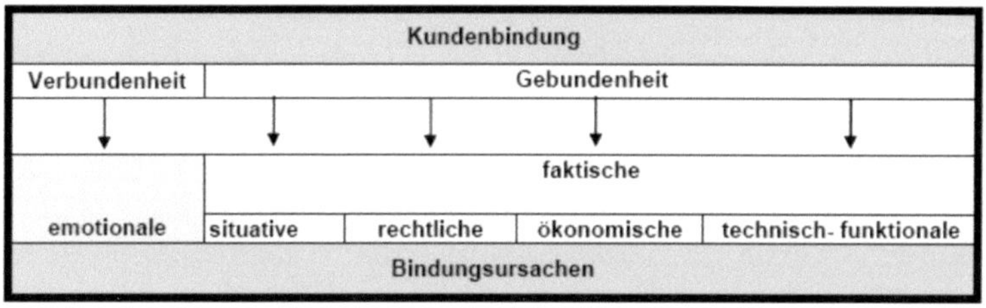

Abbildung 2: Verbundenheits- und Gebundenheitsstrategie, (Berheide/Wunderlich, 2002, S. 168)

Aus Abbildung 2 ist ebenfalls erkennbar, dass die emotionale Bindung auch als Verbundenheit und die faktische Kundenbindung als Gebundenheit aufgefasst werden kann. Es wird an dieser Stelle deutlich, dass zahlreiche Begriffe existieren, die auf unterschiedlichen Untersuchungen und Ansätzen basieren. Im Kern lassen sich jedoch alle Ansätze auf zwei Dimensionen zurückführen. Um eine einheitlich Terminologie zu gewährleisten, werden im weiteren Verlauf der Arbeit nur die Begriffe, die auf den Autor Eggert zurückzuführen sind: Verbunden- und Gebundenheit verwendet (Eggert, 2000, S. 126).

Bei der Verbundenheit und der Gebundenheit handelt es sich demnach um zwei Bindungszustände, in denen sich der Kunde befinden kann. Neben diesen beiden Zuständen vertritt Diller zusätzlich die Auffassung, dass die Einstellung des Kunden zur Geschäftsbeziehung eine Rolle spielt (Diller, 1996, S. 82 f.). Einstellungen können als *„Zustand einer gelernten – mehrheitlich unterbewusst – und relativ dauerhaften Bereitschaft, in einer entsprechenden Situation gegenüber dem betreffenden Objekt regelmäßig mehr oder weniger stark positiv bzw. negativ zu reagieren"*, definiert werden. Sie beziehen sich immer auf ein Objekt (Produkt, Marke, Person, Dienstleistung etc.) und können sowohl Meinungen, Überzeugungen als auch Vorurteile sein. Einstellungen bilden sich einerseits durch persönliche Erfahrungen und andererseits durch die Erfahrungen Dritter (bspw. Familienangehörigen, Freunde, Kollegen etc.) (Trommsdorff, 2003, S. 150).

Da diese Arbeit das Ziel verfolgt, eine ethnische Minderheit zu binden und es sich dabei um Nachfrager handelt, wird im weiteren Verlauf nur der nachfragerbezogenen Sichtweise nachgegangen.

2.2 Bindungszustände

2.2.1 Gebundenheit

Im Zustand der Gebundenheit wird von einem „Nicht-Wechseln-Können" gesprochen, da der Kunde aufgrund von Wechselbarrieren (bspw. vertraglicher, technisch-funktionaler Art) an den Anbieter gebunden ist (Meffert, 2005, S. 149). Der Gebundenheit liegt ein kognitives[6] Bindungsmotiv zu Grunde, d. h., die Beweggründe des Kunden, eine Bindung einzugehen, sind eher rationaler Natur. Deshalb wird auch von einer „gefühlskalten" Bindung gesprochen. Die Gebundenheit wird, sofern sie durch Zwang zu Stande kommt, (bspw. auf einem Monopolmarkt) und dem Kunden die Abhängigkeit bewusst ist, negativ bewertet (Eggert, 2000, S. 122). In diesem Fall kann sie zu negativen psychischen Konsequenzen, z. B. Widerstand, führen. Dieser kann so stark ausgeprägt sein, dass der Kunde dem Anbieter gegenüber negativ eingestellt ist und eine Beziehung zu ihm kategorisch ablehnt. Im extremsten Fall wechselt er, obwohl der Wettbewerber keinen höheren Nutzen aufweist (Glusac, 2005, S. 40 f.). Ein Kunde wird also nur dann die Gebundenheit akzeptieren, wenn entweder keine Alternativen vorhanden sind oder die Bindung insgesamt von Vorteil ist. Somit muss die vorhandene Leistung die Einschränkung des Kunden kompensieren. Gleichzeitig muss der Kunde dem Anbieter einerseits zutrauen, die vereinbarte Leistung auch in Zukunft zu erbringen, und ihm andererseits vertrauen, dass dieser den Zustand der Gebundenheit nicht ausnutzt. Die Möglichkeit des Ausnutzens stellt für den Kunden eine Bindungsunsicherheit bzw. ein Risiko dar, das abschreckend wirkt. Diese Unsicherheit muss vom Anbieter mithilfe von Vertrauen überwunden werden (Bliemel/Fassott, 2000, S. 13). Neben der unfreiwilligen Gebundenheit existiert auch eine freiwillige. Diese liegt zum Beispiel dann vor, wenn ein Kunde, obwohl Alter-

---

[6]Unter Kognitionen können sämtliche Informationsprozesse (Aufnahme, Verarbeitung und Speicherung), Wahrnehmung und Beurteilung, sowie Lernen und Gedächtnis verstanden werden. Sie dienen dazu, das Verhalten gedanklich zu kontrollieren und willentlich zu steuern (Kroeber-Riel/Weinberg, 2003, S. 225).

nativen vorhanden sind, mit einem Anbieter einen Vertrag abschließt oder diesen nach Ablauf der Mindestlaufzeit freiwillig verlängert. Allerdings setzt dies eine positive Einstellung des Kunden gegenüber dem Anbieter voraus. In diesem Fall geht die Gebundenheit mit der Verbundenheit konform (Weinberg/Terlutter, 2005, S. 46).

2.2.2 Verbundenheit

Der Zustand der Verbundenheit basiert auf einem „Nicht-Wechseln-Wollen" und somit auf Freiwilligkeit (Meffert, 2005, S. 149). Der Verbundenheit liegen affektive[7] und normative Bindungsmotive zu Grunde. Beim affektiven Motiv wird die Geschäftsbeziehung als angenehm empfunden. Der Kunde wünscht sich soziale Kontakte zum Anbieter bzw. dessen Mitarbeitern und möchte die Beziehung nicht beenden. Es kann sogar soweit gehen, dass kurzfristig finanzielle Verluste in Kauf genommen werden nur, um die Geschäftsbeziehung aufrechtzuerhalten. Des Weiteren kann eine starke Verbundenheit dazu führen, dass sich der Kunde mit dem Anbieter bzw. dessen Produkten identifiziert. Bei einer solch stark ausgeprägten Form wird der Anbieter bzw. dessen Produkt zum Symbol, um damit das eigene „Ich" zu bestätigen, sich zu integrieren oder aber auch bewusst von anderen Personen abzugrenzen.

Beim normativen Bindungsmotiv strebt der Kunde danach, im Einklang mit seinen individuellen und den vorgegebenen gesellschaftlichen Werten zu leben, da er sich diesen innerlich verpflichtet fühlt (Eggert, 2000, S. 122). Normen können definiert werden als feststehende Regeln über Meinungen, Einstellungen, Werte und Verhalten, die von einer Gruppe akzeptiert, erwartet, kontrolliert und auch sanktioniert werden (Trommsdorff, 2003, S. 192). Bei Werten handelt es sich *„um Vorstellungen vom Wünschenswerten, von grundlegenden Zielvorstellungen, die eine Vielzahl von Motiven und Einstellungen und in Abhängigkeit davon eine Vielzahl von beobachtbaren Verhaltensweisen bestimmen"*. So führt zum Beispiel der Wert Familienorientierung zu speziellen Einstellungen und Verhaltensweisen hinsichtlich Wohnen, Essen, Trinken, Freizeit usw. (Kroeber-Riel/Weinberg, 2003, S. 559). Werte sind insofern mit Normen verbunden, dass Erstere normativ kontrolliert werden. So wird bspw.

---

[7] Affekte können als grundlegende, kurzfristig auftretende Emotionen bzw. Gefühle aufgefasst werden. Die Handlung läuft eher unterbewusst ab und entzieht sich einer gedanklichen Kontrolle (Kroeber-Riel/Weinberg, 2003, S. 100).

eine Person, die eine negative Einstellung zum weihnachtlichen Konsumrummel aufweist, dennoch Geschenke besorgen, weil es innerhalb der Gruppe üblich ist und von dieser erwartet wird. In diesem Fall haben die Normen die Werte bzw. das Einstellungssystem überlagert (Trommsdorff, 2003, S. 180 ff.). Demnach ist eine Person bis zu einem bestimmten Grad bereit, seine eigene Souveränität aufzugeben, um in Einklang mit den gesellschaftlichen Werten zu leben (Eggert, 2000, S. 122).

Es lässt sich insgesamt festhalten, dass es sich bei den beiden Zuständen Verbunden- und Gebundenheit um zwei verschiedene Wege handelt, um dasselbe Ziel zu erreichen. Dabei beruht die Verbundenheit auf Emotionen, die Gebundenheit dagegen ist eher rationaler Natur. Des Weiteren kommt der Einstellung des Konsumenten eine enorme Rolle zu, denn dieser wird nur dann eine Geschäftsbeziehung eingehen bzw. an dieser festhalten, wenn er dem Anbieter gegenüber positiv eingestellt ist (Eggert, 2000, S. 120). Abschließend soll an dieser Stelle Kundenbindung, ausgehend von den bisherigen Darlegungen, wie folgt definiert werden: Kundenbindung kann als eine nicht zufällige Kette von Trankaktionen zwischen einem Anbieter und Nachfrager aufgefasst werden, mit dem Ziel Folge und Wiederkäufe zu generieren (Peter, 1999, S. 7). Damit der kontinuierliche Leistungsaustausch erfolgt, befindet sich der Kunde im Zustand der Verbundenheit, d. h. er empfindet die Beziehung als angenehm und erhält sie freiwillig aufrecht, oder er befindet sich im Zustand der Gebundenheit, d. h., er empfindet sie als unangenehm, und die Beziehung wird mithilfe von Wechselbarrieren aufrechterhalten (Eggert, 2000, S. 126); (Meffert, 2005, S. 149).

2.2.3 Gebundenheit versus Verbundenheit

Neben der Verbunden- und der Gebundenheit kann sich der Kunde auch in einer Kombination aus beiden Zuständen befinden. Demnach lässt sich die Kundenposition in vier Arten unterteilen (siehe Abbildung 3). Ein Kunde, der den Wiederkauf weder will noch muss, befindet sich in keiner Geschäftsbeziehung. Vielmehr handelt es sich um einzelne Wiederkäufe. Da beim Transactions Buying keinerlei Bindungsaktivitäten greifen, wird nicht von Kundenbindung gesprochen. In der „Ausbeutungs“-Position existiert für den Kunden nicht die Möglichkeit, den Anbieter zu wechseln, weshalb von Gebundenheit gesprochen wird.

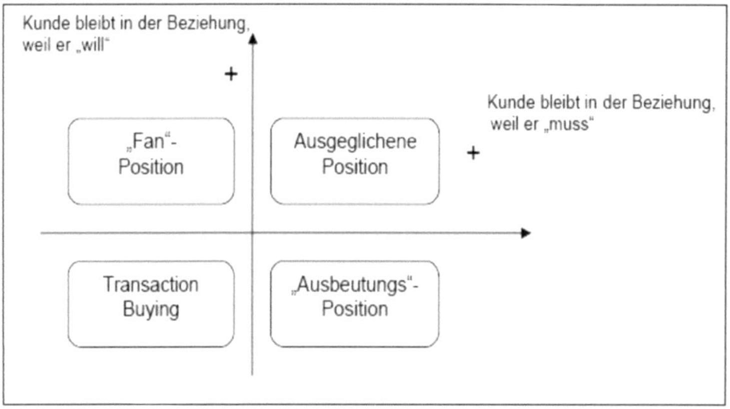

Abbildung 3: Kundenbindung nach Art der Bindung, (Tomczak et al., 2004, S. 128)

In der „Fan"-Position befindet sich der Kunde freiwillig. Er kann jederzeit zur Konkurrenz wechseln. Diese Position wird mit der Verbundenheit gleichgesetzt. Befindet sich der Verbraucher in der ausgeglichenen Situation, ist er sowohl an den Anbieter gebunden als auch diesem verbunden. Demnach kann diese Kombination bspw. sowohl auf Zufriedenheit (emotional) als auch auf vertraglicher Bindung (rational) beruhen (Tomczak et al., 2004, S. 127 f.).

Ausgehend von den unterschiedlichen Positionen stellt sich nun die Frage, welcher Bindungszustand für Konsumenten angestrebt werden sollte. Der reine Zustand der Gebundenheit kann zwar kurzfristig Wettbewerbsschwächen ausgleichen, garantiert aber keinen langfristigen Erfolg. So wurde empirisch nachgewiesen, dass gebundene Kunden einen Ausbau der Geschäftsbeziehung ablehnen und den Anbieter seltener empfehlen (Glusac, 2005, S. 41). Dagegen wird der Verbundenheit eine tendenziell längere Wirkung zugesprochen, auch wenn sie permanent das Risiko birgt, dass Verbraucher abwandern. Studien ergaben, dass der psychologischen bzw. emotionalen Bindungsursache die größte Bedeutung zukommt, da sie auch bei den anderen vier Ursachen beteiligt sind. So entscheidet bspw. nach Ablauf eines Mobilfunkvertrags die Zufriedenheit, ob der Vertrag weitergeführt wird oder nicht. Ferner können sie nur schwer von einem Konkurrenzunternehmen kopiert werden (Bagusat, 2006, S. 110 f.). Die Kombination aus Verbunden- und Gebundenheit wird besonders auf wettbewerbsintensiven Märkten praktiziert, um die Vorteile aus beiden Bindungszuständen zu nutzen (Tomczak et al., 2004, S. 128).

Auch auf dem Strommarkt findet die Kombination von Verbunden- und Gebundenheit statt. So ist es üblich, den Strombezug vertraglich zu regeln. Dagegen spielen technisch-funktionale oder ökonomische Wechselbarrieren keine Rolle. Gleichzeitig fallen auch keinerlei Wechselkosten an. Somit bleibt dem Anbieter lediglich die Möglichkeit, die Mindestlaufzeit und Kündigungsfrist zu seinen Gunsten zu steuern. Die Verbundenheit im Strommarkt wird hauptsächlich durch die Zufriedenheit erzeugt. Dagegen wird die Existenz von Vertrauen und innerer Verpflichtung nur angedeutet (Bakay, 2003, S. 75 f.).

Abschließend stellt sich die Frage, welcher Bindungszustand für die in der vorliegenden Diplomarbeit betrachtete Zielgruppe geeignet ist. Aufgrund der in den vorherigen Gliederungspunkten diskutieren Zustände kommt aus Sicht des Verfassers für die deutsch-türkische Zielgruppe nur die Verbundenheit infrage. Dies begründet sich darin, dass die Gebundenheit keinen dauerhaften Erfolg garantiert. Des Weiteren wäre der Bindungszustand Gebundenheit für die ethnische Minderheit Deutschtürken überhaupt nicht zu rechtfertigen und würde in jedem Fall zu einer Diskriminierung einzelner Bevölkerungsteile führen. Somit ist an dieser Stelle die erste Forschungsfrage, wie sich Deutschtürken an ein Unternehmen binden lassen, beantwortet. Jedoch soll nun im Folgenden auf die Verbundenheit und ihre Determinanten: Zufriedenheit, Vertrauen und die innere Verpflichtung, die im angelsächsischen Commitment genannt wird, eingegangen werden, um weitere Erkenntnisse zu erhalten.

2.3 Determinanten der Verbundenheit

2.3.1 Zufriedenheit

Der am häufigsten verwendete Ansatz zur Erklärung der Zufriedenheit ist das Confirmation/Disconfirmations (C/D) Paradigma (siehe Abbildung 4). Nach diesem Ansatz findet ein subjektiver Vergleich der tatsächlichen Erfahrungen (Ist-Leistung) mit den eigenen Erwartungen (Soll-Leistung) statt. Decken sich Erfahrungen und Erwartungen, so wird von Konfirmation (Bestätigung) gesprochen, woraus Zufriedenheit resultiert. Werden die Erwartungen sogar übertroffen, so liegt positive Diskonfirmation vor im Sinne einer positiven Überraschung. Liegt dagegen die tatsächlich gemachte Erfahrung unter den Erwartungen, handelt es sich um negative Diskonfirmation, die zu Unzufriedenheit führt (Homburg et al., 2005, S. 96 f.).

Allerdings bleibt die exakte Übereinstimmung zwischen Soll- und Ist-Leistung in der Realität eher die Ausnahme. Vielmehr nähern sich die beiden Leistungen an und unterscheiden sich marginal. Diese marginalen Differenzen werden erst dann vom Kunden wahrgenommen und bewertet, wenn sie außerhalb seines „Toleranzniveaus" – auch Indifferenzzone genannt – liegen. Demnach kommt es erst bei Abweichungen, die außerhalb der Indifferenzzone liegen, zu Zufrieden- oder Unzufriedenheit (Glusac, 2005, S. 25 f.).

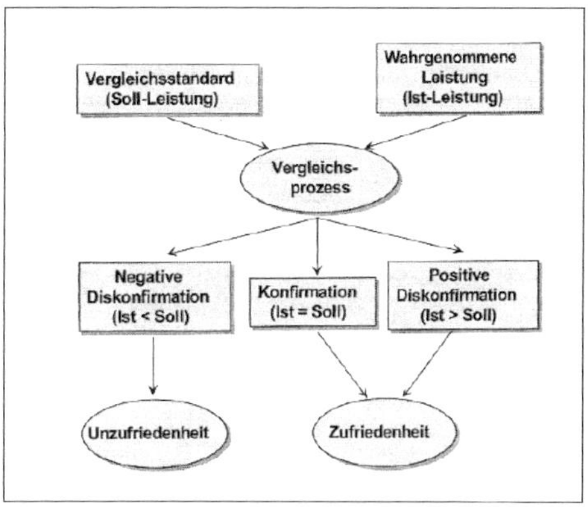

Abbildung 4: Das Konfirmations-/Diskonfirmations-Paradigma, (Homburg et al., 2005, S. 97)

Laut Trommsdorff beinhaltet die Zufriedenheit sowohl kognitive als auch emotionale Aspekte. So handelt es sich beim subjektiven Vergleichsprozess zwischen Soll- und Ist-Leistung um einen kognitiven Vergleich, der als Ergebnis eine emotionale Reaktion hervorruft. Sofern die Erwartungen erfüllt sind, stellt sich ein positives Gefühl beim Konsumenten ein. Im Falle der Nichterfüllung stellen sich negative Gefühle ein. Mit der Zufriedenheit eng verbunden ist die Einstellung, die auch eine emotionale und kognitive Komponente sowie zusätzlich eine verhaltensbezogene Komponente aufweist, die die Verhaltensabsicht darstellt (siehe Abbildung 5) (Trommsdorff, 2003, S. 131 ff.). Laut Diller kann die Verhaltenskomponente auch als eigenständiges Konstrukt aufgefasst werden. Dies ist insofern sinnvoll, da eine solche Auffassung von der Einstellung einfacher zu operationalisieren ist und zugleich präziser die Ziele von Kundenbindung trifft (Diller, 1996, S. 83). Auch die vorliegende Diplomarbeit schließt sich dieser Auffassung an.

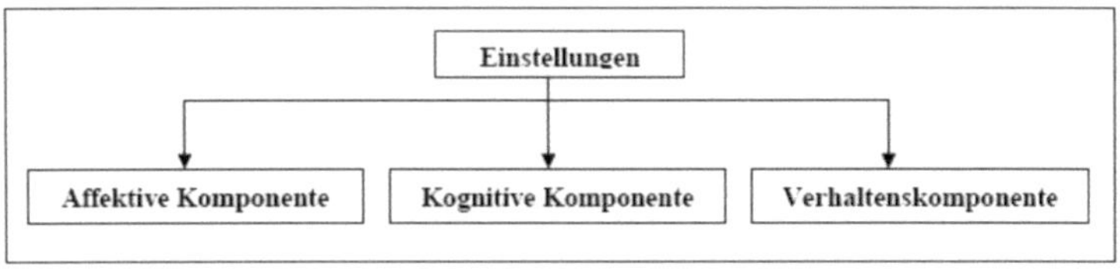

Abbildung 5: Einstellungskonzept nach der Dreikomponententheorie, (Aygün, 2005, S. 88)

Neben dieser Übereinstimmung von Emotionen und Kognitionen wurde aber noch aus weiteren Gründen lange Zeit darüber diskutiert, ob die Zufriedenheit nun eine Sonderform der Einstellung darstellt oder nicht. Kritiker argumentierten, dass die Zufriedenheit einen subjektiven Vergleichsprozess darstellt, der sich auf einzelne Transaktionen bezieht und die Einstellung einen lang anhaltenden Charakter aufweist. Das Argument der Transaktionsgebundenheit wird jedoch dann hinfällig, wenn nicht die einzelne situative Zufriedenheit berücksichtigt wird, sondern die kumulierte Zufriedenheit, also sämtliche Erfahrungen herangezogen werden. Als weiterer und durchaus stabilerer Kritikpunkt wird die direkte Erfahrung des Konsumenten gesehen. Während die Zufriedenheit eine konkrete Erfahrung voraussetzt, kann die Einstellung sich auch durch die Erlebnisse Dritter bilden. Ausgehend von dieser Betrachtung wird deutlich, dass es sich bei der Zufriedenheit und der Einstellung um zwei verschiedene Konstrukte handelt. Diese Sichtweise hat sich auch weitestgehend durchgesetzt. Uneinigkeit besteht jedoch weiter dahingehend, in welcher Beziehung die Zufriedenheit, die Einstellung und die Wiederkaufabsicht stehen. So wurde empirisch bewiesen, dass die Zufriedenheit die Einstellung beeinflusst. Entsprechend dieser Auffassung lernt der Kunde aus seinen Konsumsituationen, und die kumulierten Erfahrungen beeinflussen die Einstellung und können sogar deren Änderung hervorrufen (siehe Abbildung 6) (Braunstein, 2001, S. 73 ff.).

Somit ist sowohl die Einstellung, die vor dem Kauf bestand, als auch die Zufriedenheit und deren Einfluss auf die Einstellung nach dem Kauf für die Wiederkaufabsicht von Bedeutung. Allerdings hängt die Beeinflussungskraft der Zufriedenheit von der Intensität und der Häufigkeit der empfundenen Un- oder Zufriedenheit ab. Des Weiteren beeinflusst auch die Einstellung die Zufriedenheit, da bei positiver Einstellung eine höhere Fehlertoleranz des Kunden vorliegt (Braunstein, 2001, S. 73 ff.). Aus diesen Gründen wird der Auffassung Trommsdorffs gefolgt und die Einstellung als direkte Größe der Wiederkaufintention aufgefasst. Diese wurde in Abbildung 5 als Verhaltenskomponente bezeichnet und wirkt sich indirekt auf das tatsächliche Verhalten aus (Trommsdorff, 2003, S. 154 f.).

Abbildung 6: Zusammenhang zwischen Zufriedenheit und Einstellung, (Braunstein, 2001, S. 75)

2.3.2 Vertrauen

Vertrauen ist immer dann von entscheidender Bedeutung, wenn Produkte oder Dienstleistungen erstmals erworben werden oder aber deren Qualität weder vor noch nach Leistungserbringung zweifelsfrei vom Kunden beurteilt werden können. Die Leistung eines Arztes bspw. kann i. d. R. weder vor noch nach Leistungsbezug ohne Zweifel bewertet werden. Dagegen kann jedoch die Beurteilung eines Friseurbesuchs zwar ebenfalls nicht im Vorhinein, allerdings nach Leistungserbringung erfolgen. In beiden Fällen bleibt dem Kunden erstmal nichts weiter übrig, als sich auf die Kompetenz und Fähigkeiten des Anbieters zu verlassen, also ihm zu vertrauen. Unter Vertrauen kann die Erwartungshaltung eines Konsumenten verstanden werden, dass der Anbieter in der Lage und auch willens ist, die Erwartungen zu erfüllen. Es handelt sich also beim Vertrauen um eine risikobehaftete Vorleistung des Kunden, da dieser auf Maßnahmen zur Sicherung und/oder Kontrolle verzichtet bzw. verzichten muss und im negativen Fall einen Verlust erleidet (Zanger/Deckow, 2006, S. 40 f.). Ob er dem Anbieter vertraut, hängt stark davon ab, inwieweit er seine Chancen einschätzt, seinen Vorteil zu erreichen. Dabei wirken auf diesen Prozess nicht nur kognitive, sondern auch affektive Komponenten ein (siehe Abbildung 7). Entsprechend der Darstellung reduzieren sich mit zunehmender Dauer der Beziehung die kognitiven Elemente zu Gunsten der affektiven. Gleichwohl ist festzuhalten, dass die rationalen Elemente zwar an Bedeutung verlieren, jedoch nicht vollständig verschwinden (Kirchgeorg/Lorbeer, 2006, S. 442 f.). Dies ist damit zu begründen, dass selbst die affektiven Vorgänge nicht frei von Kognitionen sind und vice versa. Selbst bei überwiegend im Unterbewusstsein verankerten Prozessen oder Verhaltensweisen findet eine gedankliche Auseinandersetzung statt, auch wenn diese nicht stark ausgeprägt ist (Kroeber-Riel/Weinberg, 2003, S. 49).

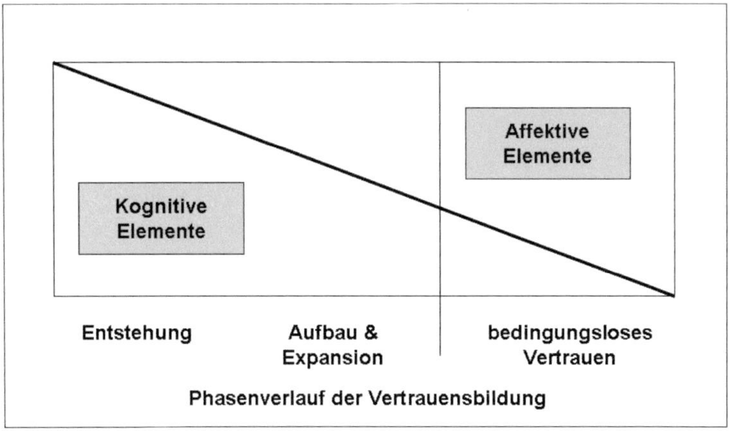

Abbildung 7: Anteile kognitiver und affektiver Elemente der Vertrauensbildung im Zeitverlauf einer Kundenbeziehung, (Kirchgeorg/Lorbeer, 2006, S. 443)

Neben der zukunftsgerichteten Perspektive beinhaltet Vertrauen auch eine vergangenheitsbezogene. Denn die vergangenen Leistungen dienen als Referenz und beeinflussen somit die zukünftige Erwartungshaltung. Als Referenzen dienen aber nicht nur die eigenen Erlebnisse, sondern auch Marken, Testurteile und die Erfahrung Dritter. Daraus folgt, dass auch die Einstellung beim Vertrauen von Bedeutung ist. Allerdings kann sie nicht als hinreichende Bedingung für Vertrauen herangezogen werden, da sie vor dem tatsächlichen Verhalten liegt. Beim Vertrauen ist der Kunde jedoch in eine Vorleistung gegangen, was eine abgeschlossene Handlung darstellt. Somit wirkt sich die Einstellung lediglich positiv auf die Beurteilung in Hinblick auf die Fähigkeit und Bereitschaft des Anbieters aus, also auf die Erwartungshaltung. Da aber das Ergebnis des Vertrauens in der Zukunft liegt, wird das Vertrauen als zukunftsgerichtete Determinante aufgefasst (Kirchgeorg/Lorbeer, 2006, S. 441 f.).

2.3.3 Commitment

Im vorherigen Kapitel wurde festgestellt, dass bei der Vertrauensbildung mit zunehmendem Zeitverlauf die affektiven Elemente an Bedeutung gewinnen. Sofern die affektiven stärker ausgeprägt sind als die kognitiven, wird von bedingungslosem Vertrauen bzw. Commitment gesprochen (Kirchgeorg/Lorbeer, 2006, S. 443). Allgemein kann Commitment als *„sense of closeness one party feels towards the other"* definiert werden. Auf das Marketing bezogen, kann darunter eine freiwillige innere Verpflichtung des Kunden gegenüber einem Produkt, einer Person oder einem Unternehmen verstanden werden, die von einer Intensivierung der Beziehung zum Anbieter bis zu einer Anhängerschaft (bspw. die freiwillige Mitgliedschaft im IKEA Family Club oder einem Automobilclub) reichen kann. Es basiert auf Erfahrungen aus der Vergangenheit und schließt gleichzeitig mit ein, dass auch zukünftig Anbieter und Nachfrager an einer stabilen Beziehung aktiv mitwirken wollen, was eine positive Einstellung beider Parteien zueinander voraussetzt. Gleichzeitig wollen beide die Beziehung unabhängig vom Zeithorizont und ihrer ökonomischen Bedeutung aufrechterhalten und bringen dafür sogar kurzfristig Opfer, nur um die Beendigung zu vermeiden. Stark ausgeprägt kann es sogar zu Schuldgefühlen führen, sofern Verpflichtungen nicht eingehalten wurden. Ferner erwiesen Studien, dass mit zunehmender innerer Verpflichtung die Wahrscheinlichkeit eines Wechsels abnimmt, weshalb das Commitment als wesentliche und stabilste Determinante einer langfristigen Kundenbeziehung angesehen wird, die sehr unterschiedlich konzeptionalisiert wird (Bagusat, 2006, S. 103 ff.).

Laut Lorbeer weist Commitment die Dimensionen: Wiederkauf-, Weiterempfehlungs-, Zusatzkaufabsicht und die persönliche Identifikation auf (siehe Abbildung 8). Diese verschiedenen Dimensionen überschneiden sich im Wesentlichen mit der im Kapitel 2.1 in die Zukunft gerichteten dargestellten Verhaltensabsicht. Demnach wird von Commitment gesprochen, wenn der Kunde die Absicht hegt, wiederholt beim Anbieter zu kaufen. Um jedoch zufällige Wiederkäufe auszuschließen, werden zusätzlich die Weiterempfehlungs- und Zusatzkaufabsicht herangezogen. Die persönliche Identifikation stellt die affektive Komponente dar, die die positive Einstellung des Kunden gegenüber dem Anbieter berücksichtigt (Lorbeer, 2003, S. 93 f.)

Nachdem nun die Verbundenheit mit der vergangenheitsbezogenen Zufriedenheit und dem in die Zukunft gerichteten Vertrauen und Commitment erklärt wurden, stellt sich die Frage nach deren Zusammenhang, d. h., inwieweit sie sich gegenseitig beeinflussen und für die Kundenbindung verantwortlich sind. Diese Wirkungsweisen wurden mehrfach untersucht und führten teilweise zu unterschiedlichen Auffassungen. Einige fassen die Zufriedenheit und das Vertrauen als wesentliche Einflussgrößen des Commitments auf, das sich wiederum auf die Kundenbindung auswirkt (siehe Abbildung 9) (Bakay, 2003, S. 66).

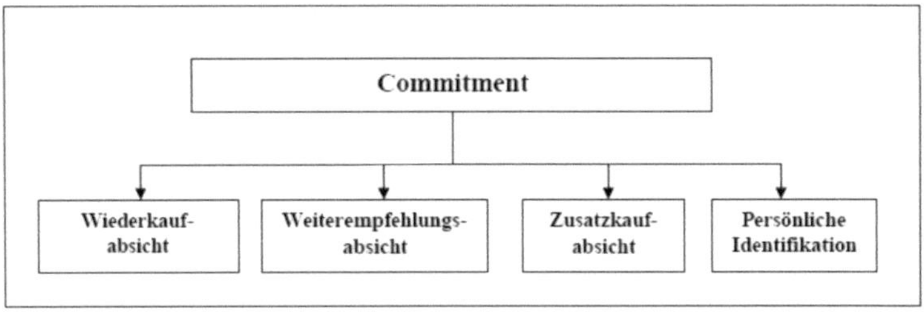

Abbildung 8: Dimensionen der einstellungsbezogenen Säule von Commitment, (Lorbeer, 2003, S. 94)

Nachdem nun die Verbundenheit mit der vergangenheitsbezogenen Zufriedenheit und dem in die Zukunft gerichteten Vertrauen und Commitment erklärt wurden, stellt sich die Frage nach deren Zusammenhang, d. h., inwieweit sie sich gegenseitig beeinflussen und für die Kundenbindung verantwortlich sind. Diese Wirkungsweisen wurden mehrfach untersucht und führten teilweise zu unterschiedlichen Auffassungen. Einige fassen die Zufriedenheit und das Vertrauen als wesentliche Einflussgrößen des Commitments auf, das sich wiederum auf die Kundenbindung auswirkt (siehe Abbildung 9) (Bakay, 2003, S. 66). Andere dagegen vertreten die Auffassung, dass sich alle drei gegenseitig positiv beeinflussen (Bagusat, 2006, S. 110). Auch existieren unterschiedliche Meinungen zur Bedeutung der Kundenzufriedenheit. Einerseits wird sie als direkte Einflussgröße auf die Kundenbindung angesehen (Bakay, 2003, S. 66). Andererseits existieren Vertreter, die der Meinung sind, dass Zufriedenheit auch von zahlreichen anderen Variablen beeinflusst wird (z. B. durch die Einstellung wie in Kapitel 2.3.1 erläutert) und somit nicht allein wirkt (Bagusat, 2006, S. 110). Die vorliegende Diplomarbeit folgt der Auffassung Bagusats, dass sich grundsätzlich alle drei gegenseitig positiv beeinflussen und somit für die Kundenbindung verantwortlich sind. Gleichzeitig geht sie davon aus, dass gerade am Anfang der Zufriedenheit und dem Vertrauen eine größere Bedeutung zukommt als dem Commitment, da sich dieses erst mit zunehmendem Zeitverlauf einstellt.

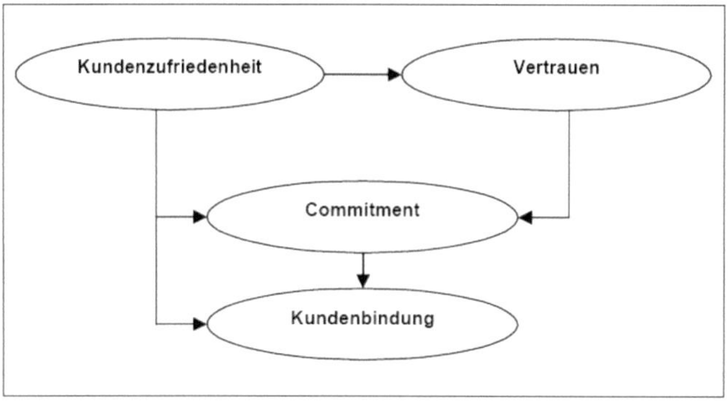

Abbildung 9: Modell der Wirkung affektiver Motive auf die Kundenbindung (Bakay, 2003, S. 67)

Die vorliegende Diplomarbeit folgt der Auffassung Bagusats, dass sich grundsätzlich alle drei gegenseitig positiv beeinflussen und somit für die Kundenbindung verantwortlich sind. Gleichzeitig geht sie davon aus, dass gerade am Anfang der Zufriedenheit und dem Vertrauen eine größere Bedeutung zukommt als dem Commitment, da sich dieses erst mit zunehmendem Zeitverlauf einstellt.

Abschließend wird zum Kapitel Kundenbindung festgehalten, dass bei allen drei Determinanten der Verbundenheit die Einstellung beteiligt ist. Somit wird die erste Forschungsfrage dahingehend erweitert, dass sich Deutschtürken nur dann erfolgreich dauerhaft binden lassen, wenn sie eine positive Einstellung zum Stromversorger aufweisen. Dabei ist besonders die emotionale Komponente der Einstellung von Bedeutung. Diese ist bei der Zufriedenheit, beim Vertrauen und besonders beim Commitment vorhanden. Somit wird deutlich, dass letztlich Emotionen für eine langfristige Kundenbindung verantwortlich sind.

Ausgehend von dieser Betrachtung, wird Kundenbindung den aktivierenden Prozessen des menschlichen Verhaltens zugeordnet und auf die psychischen, also auf die im inneren des Konsumenten ablaufenden Variablen: Emotionen, Motivationen und Einstellungen zurückgeführt. Da diese vor den Verhaltensabsichten liegen, beeinflussen sie die Verhaltensabsicht direkt und indirekt das tatsächliche Verhalten (siehe Abbildung 10) (Terlutter/Weinberg, 2005, S. 44 ff.).

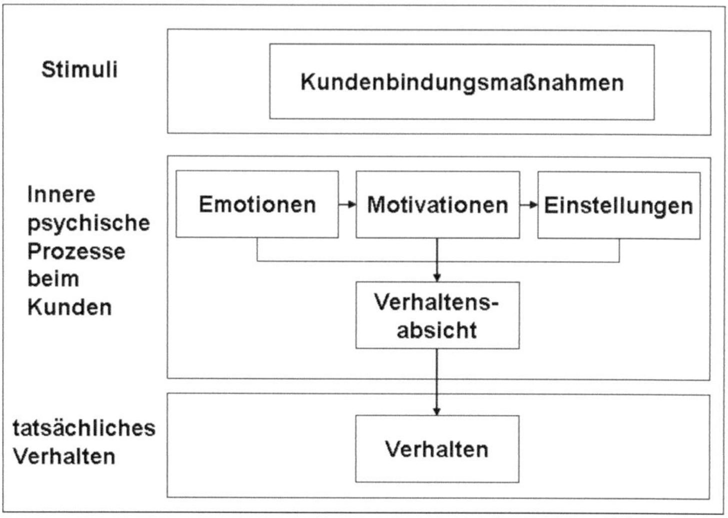

Abbildung 10: Konzeptionalisierung der Kundenbindung aus verhaltenswissenschaftlicher Sicht, in Anlehnung an Terlutter/Weinberg, (Terlutter/Weinberg, 2005, S. 49)

Damit orientiert sich die Arbeit im Folgenden an den psychischen Variablen des Konsumentenverhaltens, die sich grundsätzlich in aktivierende und kognitive Prozesse unterteilen lassen.[8] Denn erst durch das Zusammenspiel der inneren Erregungsvorgänge mit kognitiven Bewusstseins- und Steuerungsvorgängen entstehen menschliche Antriebskräfte wie Emotionen, Motivationen, Einstellungen, die für bestimmtes Verhalten verantwortlich sind (Kroeber-Riel/Weinberg, 2003, S. 49 ff.).

[8] Auch sei an dieser Stelle nochmals darauf verwiesen, dass die Bezeichnung aktivierende und kognitive Prozesse lediglich angibt, welche Komponente überwiegt. Somit umfassen aktivierende (Emotionen, Motivationen und Einstellungen) Vorgänge auch kognitive Komponenten und umgekehrt.

3 Der deutschtürkische Konsument

Dieses Kapitel orientiert sich an ausgewählten Determinanten des Konsumentenverhaltens, die einen Beitrag zur Erklärung der Kundenbindung und dem Verhalten der Zielgruppe leisten können. Neben den auf die Kundenbindung aus verhaltenswissenschaftlicher Sicht zurückzuführenden psychischen aktivierenden Variablen: Emotionen, Motivationen und Einstellungen werden auch weitere intra- und interpersonale Variablen herangezogen. (Kroeber-Riel/Weinberg, 2003, S. 419). Zusätzlich berücksichtigt der Gliederungspunkt noch die Kultur und die Religion, die besonders bei der Erklärung des Verhaltens ethnischer Minderheiten eine Rolle spielen. Um sich besser auf die Zielgruppe einzustimmen, wird eine kurze Beschreibung der deutschtürkischen Community vorangestellt.

3.1 Die deutschtürkische Community

Die Türken bzw. Deutschtürken[9] leben teilweise seit über 40 Jahren in Deutschland und werden in drei Generationen eingeteilt.

Die erste Generation kam in den 60er Jahren als Gastarbeiter oder nachgezogener Ehepartner in die BRD. Die meisten stammten aus eher ländlichen Gebieten. Da es sich bei den ersten Migranten um Arbeitskräfte handelte, kamen überwiegend junge Männer, die noch keine Familie hatten. Sie wollten lediglich ein paar Jahre in Deutschland arbeiten und anschließend in die Heimat zurückkehren. Im Laufe der Zeit wurde die Heimreise mehrmals verschoben. Stattdessen wurden Ehepartner und Kinder nach Deutschland geholt. Obwohl sich somit die Aufenthaltsdauer der ersten Generation verlängerte, kamen sie nicht wirklich in Deutschland an. In ihrem Herzen waren sie immer nur auf der Durchreise, weshalb sie sich oftmals nicht sozial integrierten. Meistens gingen sie nur ihrer beruflichen Tätigkeit nach und pflegten wenige Kontakte außerhalb der Familie. Neben der Familie hatten sie lediglich innerhalb ihrer religiösen Gemeinschaft sozialen Umgang. Allerdings führte diese Isolierung dazu, dass zu Deutschland immer ein Abstand bestand. Die ideelle Heimat blieb die Türkei, weshalb auch regelmäßige Besuche anstanden und diese gerade im Rentenalter über Monate andauerte.

---

[9] Im Gliederungspunkt 3.1 wird zwischen Türken und Deutschtürken unterschieden, um die Unterschiede besser hervorzuheben.

Deutschland wurde eher unter rationalen Aspekten (die Versorgung bei Krankheit und im Alter) betrachtet (Kraus-Weysser/Ugurdemir-Brincks, 2002, S. 42).

Die Türken der zweiten Generation kamen entweder als Kleinkinder im Rahmen der Familienzusammenführung nach Deutschland oder sind hier geboren. Sie gingen hier zu Lande zur Schule und beherrschen daher sowohl die deutsche als auch die türkische Sprache. Da sie in beiden Kulturen aufwuchsen, hatte die zweite Generation Schwierigkeiten, ihre Identität zu finden. Sie haben z. T. widersprüchliche Wertvorstellungen und Verhaltensweisen. Einerseits verfolgen sie traditionelle türkische Ideale (bspw. Familienorientierung oder Respekt gegenüber den Alten), andererseits auch deutsche Werte (z. B. Unabhängigkeit und Konsumorientierung). Der Kölner Anwalt Tangün Örkün formulierte es so: *„Ich bin diszipliniert arbeitender Deutscher und emotional ein Türke"* (Kraus-Weysser/Ugurdemir-Brincks, 2002, S. 43). Darüber hinaus führte der Versuch, beide Kulturen „unter einen Hut zu bringen", zu Spannungen und Konflikten innerhalb der Familie. Gerade diese Generation erlebte deutlich, dass ihre Eltern Normen und Werte sowie Verhaltensweisen verteidigten, die in Deutschland und sogar der Türkei als überholt galten. Ferner kam es auch oftmals zu familiären Konflikten, wenn es um die Frage der Rückkehr ging, von der die Eltern noch immer ausgingen. Allerdings kennt der überwiegende Teil der zweiten Generation die Türkei nur aus dem Urlaub und empfindet sie nicht als Heimat (Scheib, 1998, S. 107 ff.). Auffallend ist die starke Konsumorientierung dieser Generation, die aufgrund der sparsamen Lebensweise ihrer Eltern auf vieles verzichten musste (Kraus-Weysser/Ugurdemir-Brincks, 2002, S. 42 f.).

Die dritte Generation betrachtet sich weder als Deutsche noch als Türken. Solch eine Klassifizierung empfinden sie als veraltet und lehnen sie deshalb ab. Vielmehr versuchen sie, aus beiden Kulturkreisen zu profitieren und entwickeln dabei eigenständige Identitäten. Sie besitzen eine ausgeprägte Konsumneigung, ein hohes Markenbewusstsein und individualistische Verhaltens- und Wertorientierungen. Familienpflichten und gemeinsame familiäre Freizeitaktivitäten werden eher als lästig angesehen. Dagegen werden die familiären Vorteile gern in Anspruch genommen. Allerdings gibt es hinsichtlich der individuellen Verhaltens- und Wertorientierung konträre Auffassungen. Jedoch geht die Mehrheit der Ethnomarketer davon aus, dass die individuelle Verhaltens- und Wertorientierung nur für eine Minderheit zutrifft. Die überwiegende Anzahl der dritten Generation ist schon durch die Erziehung familienorientiert.

Häufig ist sogar eine bewusste Orientierung auf das Türkische und Islamische als Abgrenzung von der Mehrheitsgesellschaft zu beobachten (Kraus-Weysser/Ugurdemir-Brincks, 2002, S. 45). Dass auch für die dritte Generation die Familie und Religion eine Rolle spielt, wird dadurch gestützt, dass viele Großeltern die Betreuung der Enkelkinder übernahmen, da die staatliche Kinderbetreuung entweder zu teuer oder aber gar nicht vorhanden war. Dadurch war es den Großeltern möglich, kulturellen Einfluss auf die Kinder auszuüben. Allerdings führt die kulturelle Einflussnahme auch zu einer inneren Zerrissenheit, da die Großeltern noch immer von der Rückkehr der Enkelkinder in die Türkei träumen, diese aber für die dritte Generation unrealistisch erscheint (Scheib, 1998, S. 109 f.).

Im Vergleich kann festgestellt werden, dass zwischen den Generationen ein Wandel stattgefunden hat und teilweise erhebliche Unterschiede bestehen (siehe Abbildung 11). Auffällig ist, dass sich die zweite und besonders dritte Generation stärker an der deutschen Lebensweise orientiert, was auf die höhere Integration und die bessere Bildung zurückzuführen ist. Dies hat auch zur Folge, dass Einstellungen[10], die Türkeibindung und die Familie an Bedeutung verloren haben. Während die erste Generation stark konservativ und traditionell geprägt ist, kann besonders an den Einstellungen der dritten Generation gesehen werden, dass teilweise schon „typisch deutsche" (z. B. Individualisierung) Ansichten übernommen wurden. Ebenfalls auffällig ist die abnehmende Türkeibindung der dritten Generation. Allerdings bleibt auch festzuhalten, dass für sie aufgrund der bikulturellen Lebensweise auch die türkische Kultur und damit Identität, Sprache und Musik von Bedeutung sind. Lediglich die Rückkehr ist für sie kein Thema. Daneben verliert – wenn auch langsam – die Familie an Bedeutung. Während die ersten beiden Generationen eine starke Familienbindung aufweisen, besitzt sie für die dritte Generation nur eine mittlere Bedeutung. Dennoch lässt sich zusammenfassend sagen, dass für die Mehrheit der Deutschtürken die türkische Lebenswelt und somit auch die Familie noch immer wichtig sind und auch zukünftig sein werden. Schon allein aus dem Grund, da die ersten beiden Generationen Einfluss auf die Dritte ausüben und somit zur Erhaltung der türkischen Identität beitragen.

[10]In Kapitel 2.1.2 wurde festgestellt, dass Einstellungen immer einen Objektbezug aufweisen müssen. Leider lässt sich weder aus der Tabelle noch aus der Literatur eindeutig erkennen, auf was sich die Einstellungen beziehen. Jedoch legt der Kontext nahe, dass es sich um die Einstellungen zum Leben der jeweiligen Generation handelt.

Die drei türkischen Generationen in Deutschland:			
	1. Generation	2. Generation	3. Generation
Alter	über 40 Jahre	20-40 Jahre	1-20 Jahre
Integration	niedrig	hoch	hoch
Bildung	niedrig	mittel	hoch
Einstellung	konservativ traditionell	liberal, zielgerichtet oder konservativ	individualistisch (50%), konservativ (50%)
Familienbindung	hoch	hoch	mittel
Türkeibindung	hoch	mittel	gering
Konsumverhalten	sparsam familienbezogen	stark kritisch familienbezogen	hoch
Kommunikations-verhalten	konservativ	Tendenz zur Mobilität	offen für Trends
Einstellung zu Werbung	positiv, kritisch	positiv, kritisch	positiv, kritisch

Abbildung 11: Vergleich der drei Generationen, (Kraus-Weysser/Ugurdemir-Brincks, 2002, S. 46)

3.2 Intrapersonale Determinanten des Konsumentenverhaltens

3.2.1 Aktivierung

Die Aktivierung gilt als Antreiber des menschlichen Verhaltens und wird als *„Erregung“* oder *„innere Spannung“* aufgefasst, die den Organismus mit Energie versorgt und ihn in einen Zustand der Leistungsbereitschaft und –fähigkeit versetzt (Kroeber-Riel/Weinberg, 2003, S. 60). Sie ist also dafür verantwortlich, dass der Körper überhaupt arbeitet und somit die Voraussetzung für die zunehmenden kognitiven Vorgänge: Emotionen, Motivationen und Einstellungen. Dieser Zusammenhang wird graphisch mit der Lambda- Hypothese dargestellt (siehe Abbildung 12) (Trommsdorff, 2003, S. 48 f.).

Entsprechend der Abbildung nimmt die Leistung mit zunehmender Aktivierung zu, bis sie den Scheitelpunkt erreicht hat. Ab diesem Punkt sinkt die Leistung, obwohl die Aktivierung weiter steigt. Dieser Bereich wird auch Überaktiviertheit genannt. Allerdings ist dieser Bereich für das Marketing kontraproduktiv. Kein Unternehmen möchte, dass Werbung Panik auslöst. Aus diesem Grund ist lediglich der Bereich zwischen entspannter Wachheit und wacher Aufmerksamkeit von Bedeutung. Innerhalb dieses Bereichs ist der Konsument aufmerksam, wobei es sich dabei um eine vorübergehende Erhöhung der Aktivierung handelt, die sich positiv auf die gedankliche Auseinandersetzung auswirkt. Denn nur dann ist es möglich, die Botschaft aufzunehmen, d. h. zu verarbeiten und zu speichern. Damit beim Kunden diese erhöhte Aktivierung erreicht wird, verwendet das Marketing bzw. die Werbung verschiedene Reize (bspw. emotionale, kognitive und physische Reizwirkungen), auf die der Organismus reagiert (Kroeber-Riel/Weinberg, 2003, S. 71 ff.). In Bezug auf die Deutschtürken können keinerlei Unterscheide bei der Aktivierung ausgemacht werden. Denn sie ist für jegliches menschliches Verhalten verantwortlich, unabhängig von Staatsbürgerschaft und kulturellen Wurzeln. Somit werden Stimuli einen Deutschtürken genauso aktivieren bzw. seine Aufmerksamkeit erregen wie die eines Briten, Dänen oder Deutschen.

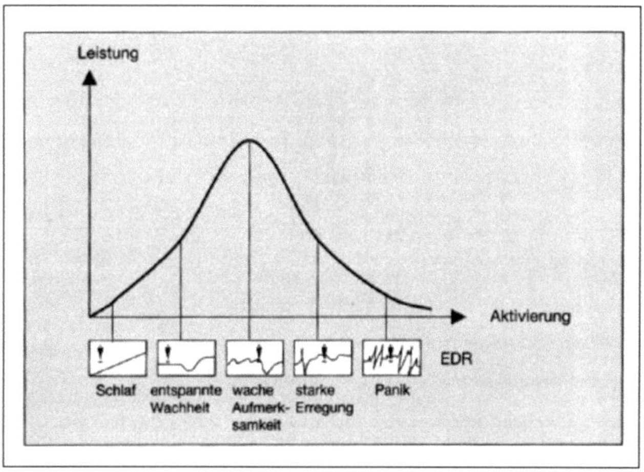

Abbildung 12: Klassische Darstellung der Beziehung zwischen Aktivierung und Leistung, (Kroeber-Riel/Weinberg, 2003, S. 79)

3.2.2 Emotionen

In den Gliederungspunkten zur Kundenbindung wurde deutlich, dass die Emotionen bei allen drei Determinanten der Verbundenheit von eminenter Bedeutung sind. Emotionen werden als *„innere Erregungsvorgänge, die angenehm oder unangenehm empfunden und mehr oder weniger bewusst erlebt werden"*, definiert. Allgemein werden sie als Gefühle wie Angst, Glück,

Freude, Interesse, Eifersucht, Sympathie etc. aufgefasst. Demnach wird eine Person, die gern schnelle Verkehrsmittel benutzt sich wohlfühlen, wenn sie ein schnelles Auto fährt, sieht oder nur an eines denkt. Bedingt durch diese äußeren und inneren Reize[11], empfindet die Person Glück, Freude, Sympathie, etc. alles im allem positive Gefühle. Daraus ergibt sich, dass Emotionen – zumindest größtenteils – auf das eigene Erleben gerichtet sind und auch Kognitionen i. S. v. inneren Bildern beinhalten können (Kroeber-Riel/Weinberg, 2003, S. 53 ff.).

Die deutschtürkische Zielgruppe ist sehr empfänglich für die emotionale Ansprache. Um die Deutschtürken emotional zu erreichen, eignet sich besonders die türkische Sprache. Sie wird hauptsächlich verbal bevorzugt und überwiegend innerhalb der Familie und im Freundeskreis verwendet. Daneben sind sie selbstverständlich auch der deutschen Sprache mächtig. Viele wechseln mühelos zwischen beiden Sprachen, ohne es zu merken. Im schriftlichen Verkehr wird Deutsch sogar bevorzugt. Nicht zuletzt, weil die zweite und dritte Generation die deutsche Sprache in der Schule verwendeten. Jedoch ist Deutsch eher rational besetzt. Dagegen erreicht Türkisch die Menschen emotional (Gohr, 2005, S. 52 f.). Darüber hinaus ist die Ansprache in der Muttersprache, unabhängig vom Deutschniveau, immer eine besondere Wertschätzung, die gesteigerte Aufmerksamkeit und Sympathie erzeugt (Cinar, 2003, S. 28). Somit kommt der Ansprache auf Türkisch eine entscheidende Rolle zu, wobei darauf verzichten werden sollte, bestehende Kampagnen einfach zu übersetzen. Die türkische Sprache unterscheidet sich grundlegend von der Deutschen. Sprichwörter wie *„Geben Sie ihr letztes Hemd"* sind der türkischen Sprache unbekannt. In der Türkei werden Leute *„bis auf die Unterhose ausgezogen"*, wenn sie geschröpft werden (Gohr, 2005, S. 53). Auch die Bildsprache, die sich für die emotionale Ansprache eignet, unterscheidet sich. Eine halbnackte junge Dame auf den Weg zur Dusche, die ihrem Freund auf dem Weg einen lockeren Klaps auf den Po gibt, mag deutsche Augen entzücken, kann aber deutschtürkische Betrachter abschrecken. Ähnlich ist der Einsatz von Tieren. Hunde und Schweine sind zwar bei den Deutschen beliebt, aber von den Deutschtürken werden sie nicht sonderlich geschätzt, das Schwein gilt sogar als unrein. Darüber hinaus kennzeichnet Deutschtürken eine starke emotionale Bindung an die Türkei, wenngleich diese zwischen den Generationen unterschiedlich ausgeprägt ist. Jedoch

---

[11] Äußere Reize sind bspw. Töne, Bilder, Texte, Gerüche usw. Sie können durch Werbung ausgelöst werden (z. B. durch emotionale Appelle). Innere Reize spielen sich innerhalb des Konsumenten ab. Als Beispiel können Stoffwechselvorgänge, wie sie beim Genuss von koffeinhaltigen Getränken vorkommen, oder auch gedankliche Vorgänge, die bei der Vorstellung einer erotischen Situation entstehen, genannt werden (Kroeber-Riel/Weinberg, 2003, S. 70).

sind Kampagnen, die an das türkische Heimatgefühl appellieren, noch immer mehrheitlich erfolgreich. Der Telekommunikationsanbieter o.telo bspw. pflanzte für jeden neuen deutsch-türkischen Kunden einen Baum in der Türkei. Diese Kampagne war ein Riesenerfolg. Innerhalb kurzer Zeit schloss das Unternehmen rund 200.000 Verträge ab (Wieschowski, 2007, S. 23). Daneben eignet sich auch die Familie für die emotionale Ansprache. Denn Deutschtürken wollen ihr eigenes Leben widergespiegelt sehen, also eine fröhliche und lebhafte Familie mit Kindern und Großeltern (Gohr, 2005, S. 49 ff.).

Abschließend kann konstatiert werden, dass für die deutschtürkische Zielgruppe Gefühle eine große Rolle spielen. Dabei eignen sich besonders die: türkische Sprache, Bildsprache, die Türkei und die Familie, um Emotionen zu erzeugen.

3.2.3 Motivation

Die Motivation beschäftigt sich mit dem Antrieb bzw. den Ursachen des Verhaltens und wird als Emotion (Aktivieren des Individuums), die mit einem Ziel verknüpft ist (Lenken des Verhaltens in eine bestimmte Richtung), aufgefasst. Angewendet auf das Geschwindigkeitsbeispiel aus dem vorherigen Gliederungspunkt wird die Person aufgrund von inneren oder äußeren Reizen motiviert sein, mit schnellen Verkehrsmitteln zu reisen und auch ein schnelles Auto zu benutzen (Kroeber-Riel/Weinberg, 2003, S. 54 ff.). Eng im Zusammenhang mit der Motivation steht das Bedürfnis, wobei sich die beiden dahingehend unterscheiden, dass Bedürfnisse als Mangel ohne Zielorientierung aufgefasst werden. Erst mit zunehmender kognitiver Verarbeitung wird ein Bedürfnis zum Motiv. Daraus ergibt sich, dass Bedürfnisse als Motivauslöser angesehen werden (Trommsdorff, 2003, S. 114).

Es existieren zahlreiche Forschungsarbeiten über menschliche Bedürfnisse bzw. Motive. Die am häufigsten zitierte ist die Bedürfnispyramide nach Maslow (siehe Abbildung 10). Der Psychologe ordnete die Bedürfnisse hierarchisch, weil er der Auffassung war, dass die nächsthöheren Bedürfnisse erst dann angestrebt werden, wenn das darunterliegende erfüllt ist. Demnach sucht der Mensch erst dann nach Sicherheit, wenn die physiologischen Bedürfnisse erfüllt sind. Allerdings wird die hierarchische Anordnung auch kritisch betrachtet. Denn die

Nahrungszunahme ist selbstverständlich für unser Überleben notwendig, aber sie kann genauso gut eine soziale Handlung sein (z. B. Zugehörigkeit), oder ein Statussymbol (bspw. der Verzehr von Kaviar und Champagner).

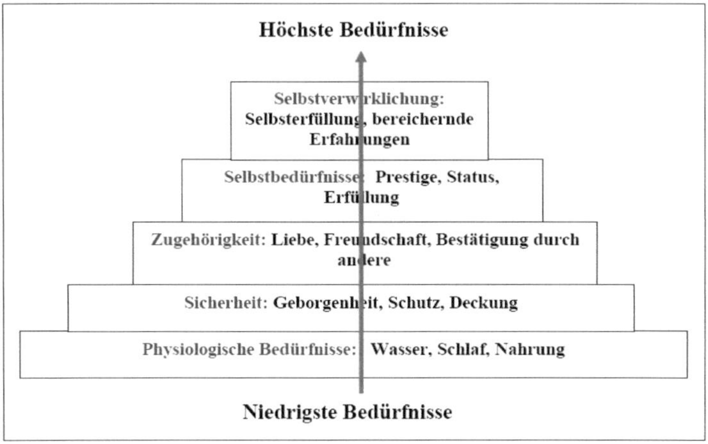

Abbildung 13: Bedürfnisstufen in der Bedürfnishierarchie nach Maslow (Solomon et al., 2001, S. 127)

Der Psychologe ordnete die Bedürfnisse hierarchisch, weil er der Auffassung war, dass die nächsthöheren Bedürfnisse erst dann angestrebt werden, wenn das darunterliegende erfüllt ist. Demnach sucht der Mensch erst dann nach Sicherheit, wenn die physiologischen Bedürfnisse erfüllt sind. Allerdings wird die hierarchische Anordnung auch kritisch betrachtet. Denn die Nahrungszunahme ist selbstverständlich für unser Überleben notwendig, aber sie kann genauso gut eine soziale Handlung sein (z. B. Zugehörigkeit), oder ein Statussymbol (bspw. der Verzehr von Kaviar und Champagner).

Ein weiterer berechtigter Kritikpunkt ist, dass die Pyramide sich stark an der rationalen, materialistischen und individualistischen westlichen Kultur orientiert (Solomon et al. 2001, S. 127). Demnach kann für deutschtürkische Konsumenten mit Selbstverwirklichung gemeint sein, dass sie für die Familie da sind oder sich stärker innerhalb ihrer Community engagieren.

Häufig wird in der Literatur in Bezug auf die Bedürfnisse der Deutschtürken das Vertrauen genannt. Anders als für die Deutschen, bei denen die Sicherheit oberste Priorität besitzt, ist es für sie wichtig, dass sie ihrem Geschäftspartner vertrauen können, wobei dies am besten durch Anerkennung und Respekt ihrer Kultur sowie ihrer Lebenswelt erreicht wird (Cinar, 2003, S. 24). Dieses Bedürfnis nach Anerkennung und Respekt scheint auch deshalb bedeutsam für die Deutschtürken zu sein, da sie auch nach 40 Jahren in Deutschland an der einen oder anderen Stelle benachteiligt werden bzw. vor Augen geführt bekommen, dass sie eine ausländische Minderheit sind. Vertrauen ist für die Deutschtürken sogar so wichtig, dass sie dasselbe Produkt bei schlechteren Rahmenbedingungen und auch zu einem höheren Preis kaufen würden (Kraus-Weysser/Ugurdemir-Brincks, 2002, S. 34 f.).

Dass Vertrauen einen erheblichen Einfluss auf das Kaufverhalten der Deutschtürken ausübt, konnte auch Aygün in seiner Arbeit über den Lebensmitteleinzelhandel, in der er Unterschiede zwischen deutschem und türkischem Handel ermittelte, feststellen. Im Rahmen seiner Studie untersuchte er, welchen Einfluss das religiöse Motiv bei Fleischprodukten besitzt. Seinem Ergebnis zufolge trauen rund 90% der Konsumenten dem deutschtürkischen Handel eher zu, dass dieser Fleischprodukte anbietet, die mit den islamischen Richtlinien konform sind, und kaufen deshalb dort ein (Aygün, 2005, S. 67).

3.2.4 Einstellungen

Der Einstellungsbegriff wurde bereits im Rahmen der theoretischen Grundlagen der Kundenbindung erklärt, weshalb auf eine nochmalige Beschreibung verzichtet wird. Stattdessen soll letztmalig auf das Geschwindigkeitsbeispiel eingegangen werden. Demnach wird die Person aufgrund ihrer Motivation, mit hoher Geschwindigkeit zu fahren, bspw. Autos mit hoher PS-Zahl positiv einschätzen. Gleichzeitig ist anzumerken, dass Konsumenten i. d. R. ein Set von Einstellungen besitzen, die untereinander in Beziehung stehen. Somit wird die geschwindigkeitsliebende Person auch schnellen Sportarten (bspw. der Formel 1) positiv gegenüber eingestellt sein und es ebenfalls begrüßen, wenn auf Autobahnen kein Geschwindigkeitslimit existiert. Daraus folgt, dass sich die Änderung einer bestimmten Einstellung auf andere Einstellungen auswirkt (Kroeber-Riel/Weinberg, 2003, S. 54).

Die Einstellungen der Deutschtürken wurden überwiegend zum Konsumverhalten und zur Werbung ermittelt. Die Einstellung zum Konsumverhalten hat sich in den letzten Jahren gewandelt. Grund dafür ist die verworfene Rückkehrabsicht in die Türkei. Während früher ein Großteil des Haushaltsbudgets für die Rückkehr gespart bzw. an Angehörige überwiesen wurde, geben die Deutschtürken jetzt ihr Geld hier zu Lande aus. Ihr Konsumverhalten ist sogar größer als das der deutschen Haushalte und unterscheidet sich auch zwischen den Generationen. So weist die zweite und dritte Generation ein noch stärkeres Konsumverhalten auf, nicht zuletzt durch den jahrelangen Sparzwang der Elterngeneration. Gleichzeitig erwerben sie überwiegend Qualitäts- und Markenprodukte sowie Statussymbole. Gerade die Qualität der Produkte besitzt unter den Deutschtürken einen hohen Stellenwert für den sie auch tiefer ins Portmonee greifen (Klee et al., 2003, S. 47 f.). Neben dem ausgeprägten Konsumverhalten weisen die Deutschtürken auch eine positive Einstellung gegenüber der Werbung auf. Anders als die Deutschen empfinden sie diese nicht als lästig, sondern als Informations- und Unterhaltungsquelle. Diese positive Einstellung zur Werbung ist u. a. auch dafür verantwortlich, dass in Deutschland ein ausgeprägtes türkischsprachiges Mediennetz existiert. Insgesamt gibt es neun bundesweit erscheinende Tageszeitungen, zwei regionale Blätter und fünf weitere Zeitschriften. Daneben existieren rund 30 TV-Sender, zwei Radiostationen und fünf Internetportale. Dabei werden die türkischen Medien von allen Generationen genutzt. Ein wichtiger Grund dafür ist, dass sie stärker und besser die deutsch-türkische Lebenswelt widerspiegeln. Lediglich mit zunehmender Sprachkompetenz steigt die Nutzung rein deutscher Medien (Cinar, 2003, S. 25). Innerhalb der Medien kommt dem Fernsehen die zentrale Schlüsselrolle zu. Umfragen zufolge läuft der Fernseher in türkischen Haushalten so gut wie immer (Kraus-Weysser/Ugurdemir-Brincks, 2002, S. 113). Dies mag mitunter auch daran liegen, dass eine beachtliche Anzahl der älteren Deutschtürken nur geringe bzw. gar keine türkische Lesekompetenz besitzt, weswegen der Fernseher als Informations- und Unterhaltungsmedium nochmals eine Aufwertung erfährt (Cinar, 2003, S. 26).

3.2.5 Lebensstil

Der Lebensstil ist ein komplexes Verhaltensmuster, da er sowohl psychische (z. B. Einstellungen) als auch beobachtbare Verhaltensweisen beinhaltet. Ziel des Lebenstilkonzeptes ist es, Konsumenten, die sich durch gleiches oder ähnliches Konsumverhalten auszeichnen, zu einem Segment zusammenzufassen, um anschließend die Marketingaktivitäten auf diese auszurichten. Daraus ergibt sich, dass der Lebensstil – wie bereits in der Einleitung angeführt – eine Variable darstellt, um den Gesamtmarkt wirksam zu unterteilen, d. h. Marktsegmente (bspw. der Lebensstil des deutschen Mannes) zu bilden. Damit stellt der Lebensstil die komplexeste Variable zur Erklärung des Konsumentenverhaltens dar, da er die Verbraucher in der Wahl der Produkte, Einkaufsstätten und auch Marken beeinflusst (Kroeber-Riel/Weinberg, 2003, S. 558). So wird z. B. ein ökologisch bewusster Verbraucher seine Lebensmittel im Biomarkt kaufen, die öffentlichen Verkehrsmittel benutzen und Strom aus regenerativen Energien beziehen. Alles in allem sucht er seine Produkte, Einkaufsstätten und Marken nach ihrer Umweltverträglichkeit aus, um damit seinen gewünschten Lebensstil zu verfolgen (Trommsdorff, 2003, S. 218 f.).

Die deutschtürkische Community wird oftmals in die drei beschriebenen Generationen unterteilt. Demnach zeichnen sich die Angehörigen einer Generation durch ähnliches Verhalten und Konsumverhalten aus. Allerdings existieren erste Untersuchungen, die sich tiefer mit der deutschtürkischen Lebenswelt beschäftigen, um ein besseres Verständnis von den Deutschtürken und ihren Bedürfnissen zu erhalten. Solch eine Studie wurde im Jahr 2002 durchgeführt. Als Ergebnis der Studie wurden fünf Segmente identifiziert: die Konservativen, die Skeptiker, die Bikulturellen, die Materialisten und die Intellektuellen, die sich in ihren Werten und Lebensstilen z. T. deutlich voneinander unterscheiden (siehe Abbildung 1 im Anhang) (Kraus-Weysser/Ugurdemir-Brincks, 2002, S. 61 ff.).

Aus Autorsicht treten die auffälligsten Unterschiede bei: Religion, Bildung, Werten, Konsumverhalten und Lebenswelt auf.

Die Religion spielt zwar für alle Segmente eine Rolle, jedoch in unterschiedlichem Ausmaß. Bei den Konservativen und Materialisten, die streng gläubig sind und nach den Vorschriften des Islams leben, spielt sie eine viel größere Rolle als bei den anderen drei. Auch im Hinblick auf die Bildung unterscheiden sich die einzelnen Gruppen. Während die Konservativen und Skeptiker ein eher geringes Bildungsniveau aufweisen, sind die Bikulturellen und Intellektuellen besser gebildet. Ebenso unterscheiden sich die Werte. Während die Konservativen und auch die Materialisten nach „typischen" türkischen Werten (Sparsamkeit, Familienorientierung) leben, kann bei den Übrigen festgestellt werden, dass diese eher deutschen Werte bzw. Verhaltensweisen (Ausgehverhalten, Markenbewusstheit) aufweisen und sich stark am deutschen Konsumverhalten orientieren. Ferner spielt ebenfalls die Lebenswelt eine große Rolle. Während die Konservativen und die Materialisten eher in der türkischen Lebenswelt Zuhause sind, leben die Skeptiker, die Intellektuellen und die Bikulturellen in beiden Lebenswelten.

Zusammenfassend kann festgestellt werden, dass die differenzierte Betrachtung der Deutschtürken ein sehr heterogenes Bild ergibt. Die gern verwendete Einteilung in drei Generationen und damit verbundenen Aussagen über Sprach- und Bildungsniveau, Religion, Konsumentenverhalten etc. entspricht damit nur teilweise der heutigen Realität. Stattdessen ist die heutige deutschtürkische Community differenzierter und facettenreicher.

3.3 Interpersonale Determinanten des Konsumentenverhaltens

3.3.1 Familie

Eine Familie sind mehrere Personen, die untereinander durch Abstammung, Heirat oder Adaptation in Verbindung stehen und ein soziales System bilden, dessen Struktur durch familiäre Rollen (z. B. die Tätigkeitsaufteilung von Mann, Frau und Kind) bestimmt wird (Kuß/Tomczak, 2004, S. 206). Die Beziehungen innerhalb der Familie sind aufgrund von häufigen persönlichen Kontakten sehr emotional und stabil. Oftmals weisen die Angehörigen einer Sippe ein starkes Zusammengehörigkeitsgefühl auf. Ferner gehen von der Familie wichtige Sozialisationswirkungen aus. Denn sie übernimmt die Rolle eines Sozialisationsagenten, der die Einflüsse aus der Umwelt (kulturelle Normen, Verhaltensweisen, etc.) aufnimmt und an die einzelnen Familienmitglieder – vor allem an die Kinder – weitergibt, weshalb sie für das zukünftige Konsumentenverhalten mitverantwortlich ist. Demnach wird ein ökologisch bewusster Verbraucher seine Kinder in ihre Konsumentenrolle einweisen, d. h., durch sein Vorleben werden bestimmte Verhaltensweisen und Einstellungen von den Kindern übernommen. Auch sie werden ein ökologisches Konsumbewusstsein aufweisen. Somit hat die

Familie einen enormen Einfluss auf die Kaufentscheidungen, weshalb eigentlich die Familie als Ganze betrachtet werden sollte (Kroeber-Riel/Weinberg, 2003, S. 440 ff.). Studien ergaben aber, dass der Einfluss von Familienmitgliedern vom Produkt abhängig ist. So geht bspw. die Initiative beim Autokauf vom Mann aus, der auch die Informationen sucht, während die Entscheidung gemeinsam getroffen wird (Kuß/Tomczak, 2004, S. 214 f.). Auch Kinder bzw. Jugendliche beeinflussen stark familiäre Entscheidungen. So steuern sie zu 34% den Kauf eines Autos, zu 52% eines Fernsehers und zu 60% einer Stereoanlage (Kroeber-Riel/Weinberg, 2003, S. 468 f.). Neben der Produktabhängigkeit ist es aber ebenfalls problematisch, herauszufinden, welches Familienmitglieder in welcher Phase des Entscheidungsprozesses (Problemerkennung, Informationssuche und Auswahlentscheidung) beteiligt ist und inwieweit es diese beeinflusst (Kuß/ Tomczak, 2004, S. 214 f.).

Traditionell ist die Familie das Kernstück der türkischen Lebensweise. Die Familienorientierung ist so stark ausgeprägt, dass sie über den persönlichen Wünschen und Zielen des Einzelnen steht. Innerhalb der Familie herrscht eine klare Hierarchie. In dieser stehen die Großeltern an erster Stelle, denn anders als in der deutschen Gesellschaft werden die Älteren stärker geachtet und geehrt (Kraus-Weysser/Ugurdemir-Brincks, 2002, S. 74). Somit ist es auch nicht außergewöhnlich, dass mehrere Generationen (Kinder, Eltern und Großeltern) unter einem Dach leben. Dementsprechend sind die Haushalte auch bedeutend größer als durchschnittliche deutsche Haushalte. Statistisch gesehen umfasst ein deutsch-türkischer Haushalt 3,28 Personen (2,13 ein deutscher Haushalt) (Aygün, 2005, S. 49). Neben der Hierarchie weist der deutschtürkische Haushalt auch eine klare Rollenverteilung zwischen männlichen und weiblichen Familienmitgliedern auf. Die Männer sind für jegliche Kontakte mit Dritten verantwortlich, d. h., sie vertreten alle wirtschaftlichen, gesellschaftlichen etc. Interessen der Familie nach außen. Die Frauen dagegen sind für interne Angelegenheiten (Haushaltsführung, Kindererziehung und soziale Kontakte innerhalb der Familie) verantwortlich (Kraus-Weysser/Ugurdemir-Brincks, 2002, S. 75 ff.). Allerdings ist diese Auffassung von Familie eher traditionell und kann zumindest in Deutschland als weitestgehend überholt angesehen werden. Nicht zuletzt aus dem Grund, da die zweite und dritte Generation sich zunehmend den deutschen Lebensverhältnissen angepasst hat (Klee et al., 2003, S. 45).

3.3.2 Bezugsgruppen

Neben der Familie haben auch andere Personen aus dem näheren Umfeld des Konsumenten, so genannte Bezugsgruppen[12], einen starken Einfluss auf das Verhalten. Solche Bezugsgruppen können z. B. Arbeitskollegen, Freunde, Bekannte, Sportkameraden etc. sein. Da jeder Konsument mit verschiedenen Bezugsgruppen in Kontakt steht, sind sie ein wesentlicher Bestandteil des täglichen Lebens. Sie sind für das Konsumentenverhalten wichtig, da sich Personen mit der Gruppe identifizieren, von ihr anerkannt und dazugehören wollen, weshalb sie ihr Verhalten nach dieser ausrichten. Demnach liefert die Bezugsgruppe Verhaltensrichtlinien, die bei Nichteinhaltung auch sanktioniert werden können. Eine Führungskraft wird, aus Angst vor Sanktionen (bspw. Ausgrenzung oder Statusverlust), eine in der Bezugsgruppe anerkannte Tageszeitung lesen, obwohl sie vielleicht lieber ein Boulevardblatt bevorzugt. Dieser Einfluss der Bezugsgruppe hat aufgrund gesellschaftlicher Entwicklungen (stärkere Berufstätigkeit der Frau, Trend zum Singlehaushalt) im Vergleich zur Familie bereits an Bedeutung gewonnen und wird auch in Zukunft noch bedeutungsvoller werden (Kroeber-Riel/Weinberg, 2003, S. 446 ff.).

Innerhalb der Bezugsgruppe kommt den Meinungsführern eine besondere Rolle zu. Als Meinungsführer werden jene Mitglieder einer Gruppe bezeichnet, die sich mit bestimmten Sachverhalten (Verfahrensweisen, Technologien, Produkten etc.) intensiv beschäftigen und folglich besser auskennen. So kann bspw. ein Freund, der beruflich Busfahrer ist und sich privat für Computer interessiert, innerhalb seines Bekanntenkreises die Meinungsführerschaft für IT-Technologie innehaben. Aufgrund seines Wissensvorsprungs wird er von anderen Gruppenmitgliedern bei anstehenden Kaufentscheidungen um Rat gefragt und beeinflusst durch seine Antwort das Verhalten des Meinungsfolgers. Da dem Meinungsführer keinerlei kaufmännische Absicht unterstellt wird, gilt diese Empfehlung als äußerst glaubwürdig. Aus diesem Grund ist es wichtig, dass, sofern sich Personen über das Unternehmen äußern, dies positiv ist. Diese Weiterempfehlung wird auch Mund-zu-Mund-Propaganda genannt und wirkt nicht nur im positiven Sinne. Studien belegen, dass zufriedene Kunden ihre Erfahrungen zwar durchschnittlich drei Kunden mitteilen, unzufriedene dagegen neun (Kreutzer, 2006, S. 44 ff.). Das Meinungsführerkonzept wird auch im Bereich der Werbung angewendet. In zahl-

---

[12] Der Wortbestandteil -gruppe deutet daraufhin, dass es sich um mehrere Personen handelt. Dies ist aber nicht zwingend. Somit werden unter einer Bezugsgruppe auch Einzelpersonen, imaginäre Gruppen oder sonstige soziale Einheiten verstanden (Kroeber-Riel/Weinberg, 2003, S. 446).

reichen Fernseh- und Rundfunkspots, Plakaten, Anzeigen etc. werden populäre Stars und auch Experten (z. B. Zahnärzte bei Zahncremewerbung) als so genannte Testimonials eingesetzt, um das Verhalten der Konsumenten zu beeinflussen (Meffert, 2000, S. 129). Allerdings eignet sich die Meinungsführerschaft nicht für alle Produkte, sondern hauptsächlich für sozial auffällige, also solche die auch von Dritten wahrgenommen werden, das sind vor allem Luxusgüter (Kroeber-Riel/Weinberg, 2003, S. 485).

Für die deutschtürkische Zielgruppe besitzen Freunde, Bekannte etc., also Bezugsgruppen, einen hohen Stellenwert. Rund 60% hören sich, sofern sie Informationen benötigen, erst einmal in ihrem sozialen Umfeld um. Dabei messen sie der persönlichen Empfehlung ihrer Bezugsgruppen eine enorm hohe Bedeutung zu, weshalb sie diese oftmals auch befolgen. Diese ausgeprägte Beeinflussungskraft hat zwei Ursachen: Erstens haben die Deutschtürken Angst „übers Ohr gehauen zu werden", was vermutlich aus vergangenen Erfahrungen insbesondere der ersten und zweiten Generation resultiert. Zweitens kann der Ratsuchende darauf vertrauen, dass die ausgesprochene Empfehlung wohl überlegt ist. Denn sofern der Ratgebende eine schlechte Empfehlung abgibt, kann er sich sicher sein, dass sich dies herumspricht, was einen Statusverlust zur Folge hätte (Kraus-Weysser/Ugurdemir-Brincks, 2002, S. 78). Gerade der Status ist für die Deutschtürken sehr wichtig, denn sie haben insgesamt ein ausgeprägtes Geltungsbedürfnis, was sich auch in ihrer Konsumwahl zeigt. So bevorzugen sie jene Produkte, die ihren Status unterstreichen. Noch heute zählt der Mercedes als Zeichen für den sozialen Aufstieg (Gohr, 2005, S. 49).

Allerdings gehört Strom aufgrund seiner immateriellen Eigenschaften nicht zu den sozial auffälligen Produkten. Jedoch kann im Zusammenhang mit sozial auffälligen Produkten zwischen Produkten und Marken unterschieden werden. Auch wenn das Produkt selbst nicht sozial auffällig ist, so kann doch die Markenwahl unter sozialem Einfluss stehen (Kroeber-Riel/Weinberg, 2003, S. 485). Obwohl im liberalisierten Strommarkt Marken eine viel größere Bedeutung einnehmen als zu Monopolzeiten, kann festgehalten werden, dass auch die Strommarke nicht unter einem wirklichen sozialen Einfluss steht. Zwar eignet sie sich besser zur Differenzierung, aber dem entgegen steht das geringe Interesse weiter Bevölkerungsteile am Produkt Strom (Focus, 2000, S. 6).

3.3.3 Kultur

Die Kultur ist bei jeglicher Handlung beteiligt, weshalb sie als *„Hintergrundphänomen"* angesehen wird. Sie prägt das Verhalten, die täglichen Gewohnheiten und die Weltanschauung sowohl bewusst als auch unterbewusst (Kroeber-Riel/Weinberg, 2003, S. 552 f.). Dabei beinhaltet sie sichtbare Elemente (z. B. spezifische Verhaltensweisen, Sitten und Bräuche) als auch nicht sichtbare Elemente (bspw. Werte, Einstellungen, Motive), die von Generation zu Generation weitergegeben werden. Demnach weisen Menschen eines Kulturkreises Ähnlichkeiten und Übereinstimmungen im Denken, Fühlen und Handeln auf. Deshalb kann die Kultur einen Beitrag leisten, sowohl das tatsächliche als auch das zukünftige Verhalten zu erklären (Zentes et al., 2006, S. 25).

In Bezug auf die deutschtürkischen Konsumenten wurde bereits in den vorherigen Gliederungspunkten festgestellt, dass sich einzelne Kulturelemente (Einstellungen, Lebensstil, Familienorientierung etc.) gewandelt haben. Besonders die dritte Generation ist einer Angleichung an die deutsche Kultur unterworfen. Allerdings hat diese Angleichung nicht zur Folge, dass sämtliche Denk- und Verhaltensmuster der Ursprungskultur verloren gehen. Vielmehr werden die Deutschtürken von beiden Kulturkreisen beeinflusst, weswegen in der Literatur gerade bei der dritten Generation von einer bikulturellen Lebensweise gesprochen wird. Somit wird deutlich, dass die Kultur Veränderungsprozessen unterworfen ist. Dabei hängt die Geschwindigkeit davon ab, inwieweit die Personen in die Gesellschaft integriert sind, d. h., welche Kontakte sie zur anderen Kultur aufweisen. Je häufiger der Kontakt mit Personen aus dem anderen Kulturkreis zu Stande kommt (bspw. im Freundeskreis, bei der Arbeit, in der Schule etc.), desto einfacher fällt die Anpassung bzw. Übernahme der Kulturelemente. Ferner leistet das Sprachniveau einen erheblichen Beitrag, denn je besser die sprachlichen Kenntnisse, desto leichter fällt die Anpassung (Solomon et al., 2001, S. 489). Somit ist es an dieser Stelle nicht verwunderlich, dass die Mehrzahl der ersten Generation, die eigentlich jahrelang von einer Rückkehr in die Türkei ausging, diesem Veränderungsprozess „entging". Aufgrund ihrer Absichten hielten sie sich überwiegend im türkischen Milieu auf. Dagegen ist es für die beiden folgenden Generationen einleuchtender, dass sie stärker die Verhaltensweisen der deutschen Kultur übernommen haben. Denn im Vergleich zur ersten waren sie schon von Kindestagen mit der deutschen Kultur konfrontiert. Somit kann vor allem für die dritte Generation der Sozialisierungsprozess als Ursache für die zunehmende Identifizierung und die Übernahme bestimmter deutscher Verhaltensweisen ausgemacht werden.

3.3.4 Religion

Neben der Kultur kann auch die Religion zur Erklärung des Konsumentenverhaltens herangezogen werden. Denn auch sie beeinflusst die Einstellungen und die Verhaltensweisen (Solomon et al., 2001, S. 490). Allerdings gilt die Religion in Verbindung mit dem Konsumentenverhalten größtenteils als tabu. Ein Grund dafür ist, dass Religion als etwas Außerweltliches aufgefasst wird und deshalb vom weltlichen Konsum getrennt wird (Aygün, 2005, S. 69). Andere Ansätze versuchen, die Frage zu beantworten, ob die Religion bzw. auf religiöse Minderheiten ausgerichtetes Marketing überhaupt zu mehr Wiederkäufen und Kundenbindung führt und nicht aufgrund von Fehlinterpretationen und „Patzern" ins genaue Gegenteil umschlägt (Solomon et al., 2001, S. 490). Gerade Letzteres passiert immer wieder, wenn auch unbeabsichtigt. So wünschte bspw. Siemens seinen türkischen Mitbürgern ein frohes Weihnachtsfest und das, obwohl die Muslime kein Weihnachten feiern (Kraus-Weysser/Ugurdemir-Brincks, 2002, S. 29). Auch Mercedes vergaß Grundlegendes im Umgang mit der Zielgruppe und versandte zu Silvester Glücksschweine, die die Deutschtürken nicht sonderlich erfreuten (Gohr, 2005, S. 54). In beiden Fällen müssen sie sich völlig missverstanden gefühlt haben.

Dabei besitzt die Religion innerhalb der deutschtürkischen Zielgruppe eine große Bedeutung. 95% der Deutschtürken sind Anhänger des islamischen Glaubens und 55% sind laut eigener Einschätzung religiös, d. h., sie führen ihr Leben nach den Vorschriften des Islams. Allerdings gibt es bei einer generationsspezifischen Betrachtung Unterschiede. So nimmt die Religiosität mehrheitlich von der ersten zur dritten Generation ab (Kraus-Weysser/Ugurdemir-Brincks, 2002, S. 51 ff.). Ferner ist auch der Einfluss der Religion hinsichtlich des Produkts zu differenzieren. Denn gerade bei Fleischprodukten legen die Deutschtürken – unabhängig der Generation – großen Wert darauf, dass es nach den islamischen Reinheitsrichtlinien geschlachtet und verarbeitet wurde (Aygün, 2005, S. 169). Anders als in der Lebensmittelbranche und im Finanzwesen steht jedoch das Produkt Strom in keinem direkten Zusammenhang zur Religion.

Resümierend kann zum gesamten dritten Gliederungspunkt gesagt werden, dass innerhalb der deutschtürkischen Zielgruppe Vertrauen eine enorme Bedeutung besitzt. Gleichzeitig beinhaltet Vertrauen auch emotionale Elemente. Gerade diese gefühlsmäßigen Aspekte sind für die Deutschtürken besonders wichtig. Innerhalb der deutschtürkischen Zielgruppe sind die Sprache, Bildsprache, die Türkei und die Familie Aspekte, die Emotionen auslösen. Auch wenn der Einfluss der deutschen Kultur auf die deutschtürkische Community stärker sicht- und spürbarer wird, so kann ebenfalls gesagt werden, dass die türkische Lebenswelt noch immer gegenwärtig ist und bestimmte Verhaltensweisen auch zukünftig vorhanden sein werden. Denn auch die dritte Generation wird noch immer von den anderen beiden beeinflusst. Als Besonderheiten der Deutschtürken und damit als Antwort auf die zweite Forschungsfrage werden das Bedürfnis nach Vertrauen und die stärkere Emotionalität festgehalten, die durch die türkische Sprache, Bildsprache, Türkei und Familie ausgelöst wird.

4 Der Berliner Strommarkt

4.1 Der Strommarkt

In diesem Kapitel sollen die für den Strommarkt typischen Charakteristika erläutert werden, die selbstverständlich auch auf den Berliner Markt zutreffen. Obwohl in Deutschland und vor allem in der Hauptstadt zahlreiche Versorger aktiv sind, ist die tatsächliche Wechselquote gering. Deutschlandweit wechseln jährlich nur 6% den Stromanbieter.[13] Diese Zahl ist im europäischen Vergleich sehr gering. In Großbritannien bspw. kehren jährlich 40% der Konsumenten ihrem Anbieter den Rücken (o.V., 2007a, S. 22). Die Gründe, warum die deutschen Kunden eher an ihrem alten Versorger festhalten, können der Abbildung 14 entnommen werden.

Auffällig ist, dass rund ein Viertel mit ihrem Versorger zufrieden ist und ansonsten hauptsächlich die allgemeine Unsicherheit (Marktentwicklung abwarten, kein Risiko eingehen und die Unübersichtlichkeit) Gründe darstellen, die einen Anbieterwechsel verhindern (Focus, 2000, S. 6). Während die Kündigungen aufgrund des hohen Unsicherheitsempfindens sehr gering sind, ist die Bereitschaft den Tarif innerhalb des Anbieters zu wechseln, bedeutend höher. Seit der Liberalisierung 1998 entschieden sich 37% für einen anderen – meist preisgünstigeren – Tarif bei ihrem aktuellen Stromversorger (o.V., 2007b, S. 15).

Der Preis stellt für rund 90% der Verbraucher das wichtigste Kriterium dar. Erst dann folgen kurze Vertragslaufzeiten, Service und umweltfreundliche Erzeugung. Allerdings ist das Preisargument allein nicht ausreichend, denn sonst würden bedeutend mehr Verbraucher in preisgünstigere Tarife wechseln. Vielmehr ist die Preisdifferenz entscheidend. So würde bspw. ab einer Ersparnis von 20% die Mehrheit der Verbraucher wechseln. Dagegen würden sogar 17% erst bei Preisabschlägen von mehr als 30% einem Stromanbieterwechsel zustimmen (Focus, 2000, S. 24). Obwohl heutzutage beachtliche preisliche Einsparungen möglich sind, wechseln immer noch sehr wenig Verbraucher den Anbieter. Demnach müssen neben der Preisdifferenz noch andere Erklärungen herangezogen werden, um die niedrige Wechselquote zu begründen.

[13] Der Autor konnte bei seinen Recherchen keine Angaben über die Wechselquote der Berliner Haushalte finden.

Zufriedenheit mit dem bisherigen Zustand	24%
Marktentwicklung abwarten	17%
Kein Risiko eingehen	13%
zu kompliziert/ aufwendig	11%
Unübersichtlichkeit	7%
Ökosteuer frisst Ersparnis	6%

Abbildung 14: Gründe, beim bisherigen Stromversorger zu bleiben, (Focus, 2000, S. 6)

Ein Phänomen, das oftmals herangezogen wird, ist die Trägheit der Verbraucher. Allgemein wird der Begriff mit Wörtern wie Desinteresse, Faulheit oder Gleichgültigkeit umschrieben und ist negativ besetzt. Allerdings ist Trägheit laut Henseler vielschichtig und lässt sich in drei Kategorien klassifizieren:

1. Trägheit als ein Nicht-Handeln, obwohl ein Handeln für den Konsumenten von Vorteil wäre
2. Trägheit als eine unmittelbare Reaktion auf den Aufwand (Suchkosten)
3. Trägheit als Handeln unter fehlendem Involvement[14]

Aufgrund dieser vielseitigen Betrachtungsmöglichkeiten ist es nicht sinnvoll den Begriff Trägheit im Strommarkt zu verwenden. Stattdessen sollte die geringe Wechselquote besser auf die Wechselkosten, die Suchkosten und das Involvement zurückgeführt werden. Dabei sind Wechsel- und Suchkosten, die bei einem Versorgerwechsel anfallen im Vergleich zu anderen Branchen verschwindend gering. So fallen bspw. lediglich Telefon- oder Portogebühren an um den letzten Zählerstand mitzuteilen, und auch die Suchkosten, belaufen sich auf ein Minimum. In zahlreichen Internetportalen (bspw. stromtarife.de) kann der Nutzer mit wenigen Mausklicks den für ihn optimalen Versorger ermitteln, weswegen lediglich das Involvement der Stromkunden entscheidend ist (Henseler, 2006b, S. 168 f.).

---

[14]Involvement gehört zur kognitiven Dimension bestehend, aus Informationserwerb und -verarbeitung und Aktivierung und wird als Ich-Beteiligung bzw. gedankliches Engagement, mit dem sich die Person einem Sachverhalt zuwendet, verstanden. Je höher also das Involvement, desto stärker setzt sich ein Konsument mit dem Objekt auseinander (Kroeber-Riel/Weinberg, 2003, S. 345).

Strom gehört aufgrund seiner immateriellen Eigenschaften zu den klassischen Low-Involvement Produkten. Denn Strom wird nur indirekt, nämlich durch die Verwendung elektrischer Geräte, wahrgenommen. Auch die Geschäftsbeziehung zwischen Versorger und –braucher trägt zu der geringen gedanklichen Steuerung bei. Denn beim Stromvertrag handelt es sich um einen Versorgungsvertrag, d. h. einen auf unbestimmte Zeit abgeschlossenen Vertrag. Sofern der Kunde diesen beenden möchte, erfordert dies eine Handlung von seiner Seite. Des Weiteren ist die Versorgungsbeziehung nur von wenigen Kontaktpunkten (bspw. Jahresablesung und –rechnung) gekennzeichnet (Bakay, 2003, S. 37 f.). Allerdings kann auch ein Low-Involvement Produkt durch äußere Umstände (z. B. eine Situation) kurzzeitig zum High-Involvement Produkt mutieren. Eine solche Situation kann bspw. ein Treffen mit Freunden darstellen (Kreutzer, 2006, S. 175). Anders als bei einem gewöhnlichen Abend setzt sich der Gastgeber viel stärker mit den Speisen und Getränken gedanklich auseinander, da er sich selbstverständlich von seiner besten Seite zeigen möchte. Auch die Medien können dazu beitragen, dass sich Verbraucher gedanklich stärker mit dem Produkt, Tarif oder Unternehmen auseinandersetzen. Zu solch einem situativen Involvement kam es 2007 in Berlin. Die Ursachen dafür waren mehrere Ereignisse (Preiserhöhung, mangelnde Aufklärung über neue Tarife und Pannen in den AKWs Krümmel und Brunsbüttel) beim Berliner Anbieter Vattenfall, die viele Kunden verunsicherten, verärgerten und letztlich eine beachtliche Anzahl verprellte. Aufgrund der monatelangen, in allen öffentlichen Medien negativen Berichterstattungen setzten sich viele Verbraucher gedanklich mit Strom auseinander und fühlten sich im Handlungszwang (Frese, 2007, S. 17). Jedoch kann auf lange Sicht davon ausgegangen werden, dass Strom aufgrund seiner erlebnisfernen Eigenschaften wieder seinen Low-Involvement Charakter annimmt.

Zusammenfassend wird festgehalten, dass die Kunden beim aktuellen Versorger bleiben, da sie sich nur geringfügig mit dem Strom auseinandersetzen. Diese geringfügige Beschäftigung basiert einerseits auf der Verunsicherung und dem damit verbundenen Abwarten der Entwicklung und andererseits auf der Zufriedenheit. Gerade Letzteres wirkt sich besonders auf das Involvement der Stromkunden aus. Denn sofern die Kunden zufrieden sind, besteht keine Notwendigkeit sich mit dem Strom kognitiv auseinanderzusetzen (Trommsdorff, 2003, S. 131).

4.2 Die Unternehmen

Nachdem nun der Strommarkt mit seinen speziellen Eigenschaften dargestellt wurde, widmet sich dieses Kapitel den Berliner Stromunternehmen. Da in der Hauptstadt zahlreiche Anbieter aktiv sind, können an dieser Stelle nicht alle aufgeführt werden. Vielmehr sollen nur die berücksichtigt werden, die auch in den nächsten Gliederungspunkten noch von Bedeutung sind. Dies sind: Vattenfall, Nuon, Lichtblick und Yello Strom.

Vattenfall ist ein Zusammenschluss von Bewag, HEW, LAUBAG und VEAG im Jahr 2002 und ein bedeutender Teil der schwedischen Vattenfall Gruppe. Das Unternehmen ist derzeit in Deutschland der drittgrößte Anbieter mit eigenem Netz nach Eon und RWE und neben Berlin noch in Hamburg und Cottbus tätig (Vattenfall, 2007, online). Da Vattenfall den Berliner Ex-Monopolisten Bewag übernommen hat, besitzt der schwedische Konzern einen beachtlichen Marktanteil, der jedoch bröckelt. Aufgrund der schweren Krise in den Sommermonaten 2007 verlor das Unternehmen zahlreiche Kunden an seine Wettbewerber und der Marktanteil sank von 84 auf 80% (Frese, 2007, S. 17). Vattenfalls stärkster Konkurrent ist die Nuon Deutschland GmbH. Die Berliner Tochtergesellschaft des niederländischen Konzerns Nuon profitierte erheblich von der Situation im Jahr 2007, denn eine beachtliche Anzahl der abgewanderten Kunden entschieden sich für diesen Anbieter. Aus diesem Grund ist es dem Anbieter gelungen, seinen Marktanteil auf 10% zu steigern (Afheldt, 2007, S. 14). Neben Nuon ist auch der 1998 gegründete Hamburger Anbieter Lichtblick ein Gewinner der Situation 2007. Das Unternehmen bietet ausschließlich Strom aus regenerativen Energien an und richtet sein Angebot auf umweltbewusste Verbraucher aus. Dieses Konzept ist äußerst erfolgreich, da eine bedeutende Anzahl von Konsumenten – nicht zuletzt aufgrund des zunehmenden Umweltbewusstseins – so eine Möglichkeit gefunden hat, einen Beitrag zum Umweltschutz zu leisten. Inzwischen findet sich kaum ein Anbieter, der nicht Strom aus regenerativen Energien anbietet. Da ebenfalls zahlreiche ehemalige Vattenfallkunden zum Ökostromanbieter wechselten, besitzt das Unternehmen nun einen Marktanteil von 2% (taz, 2007, online). Als letztes soll an dieser Stelle noch Yello Strom genannt werden. Das Tochterunternehmen der Energie

Baden-Württemberg AG startete 1999 und schaffte es Strom zu emotionalisieren und im Bewusstsein des Verbrauchers zu verankern (Focus, 2000, S. 6). [15]

Darüber hinaus existieren noch weitere Anbieter (bspw. Eprimo, E wie Einfach, Flexstrom etc.), die sich unterschiedlich positionieren, wie ein Blick auf die Internetseite stromtarife.de zeigt. Abschließend sollen noch die bekannten Marktanteile[16] der Stromanbieter dargestellt werden (siehe Abbildung 15). Aus der Graphik ist erkennbar, dass Vattenfall den Markt mit einem Anteil von 80% dominiert. Die restlichen 20% verteilen sich auf eine Vielzahl von Anbietern.

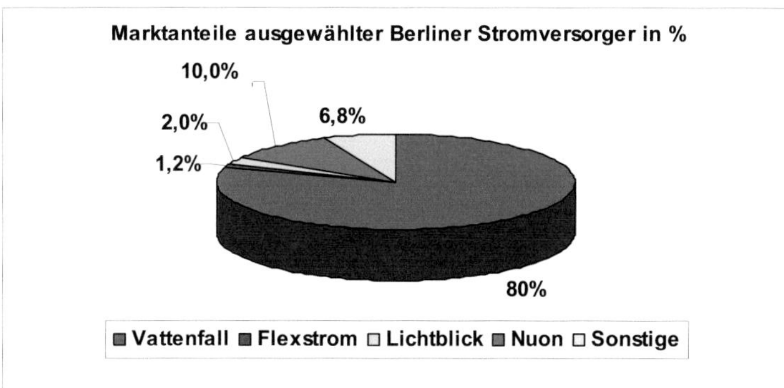

Abbildung 15: Marktanteil ausgewählter Berliner Stromanbieter, eigene Darstellung

---

[15] Der Verfasser bemühte sich bei seinen Recherchen, möglichst von vielen Anbietern den aktuellen Berliner Marktanteil zu erfahren. Jedoch waren öffentlich nur die Anteile von Vattenfall, Nuon und Lichtblick zugänglich. Auch auf schriftliche Nachfrage bei einzelnen Versorgern erhielt der Autor mit Ausnahme von Flexstrom keine Angaben. Zum einen wollten die Unternehmen aus strategischen Gründen keine Aussagen treffen und zum anderen kannten sie, da die meisten von ihnen bundesweit aktiv sind, die Anteile einzelner regionaler Märkte selbst nicht.

[16] Bei den dargestellten Marktanteilen handelt es sich um den absoluten Marktanteil. Anders als in den meisten Branchen werden in der Stromwirtschaft nicht einzelne Kunden zur Berechnung herangezogen, sondern die Abnahmestellen, also Wohnungen, Einfamilienhäusern etc. Also all jene Haushalte, die einen eigenen Elektrozähler besitzen. Im Jahr 2003 gab es rund 1.902.001 Elektrozähler in Berlin (Nelius/Schmelcher, 2005, S. 10). In den Medien ist dagegen häufig die Zahl 1.800.000 Kunden zu lesen (Frese, 2007, S. 17). Diese Differenz ist damit zu begründen, dass zum einen nicht alle Wohnungen genutzt werden, d. h., es gibt ungefähr eine permanente Leerstandsquote von 5-8%, und zum anderen nicht alle Zähler Haushalte versorgen. Einige Messeinrichtungen dienen auch für die Ermittlung des Verbrauchs von Wochenendhäusern, Wohnheimen, Garagen etc. (Nelius/Schmelcher, 2005, S. 5). Somit ist das Marktvolumen von rund 1.8 Millionen dauerhaften Haushalten plausibel.

Des Weiteren lässt sich aus der Abbildung ableiten, dass Kundenbindung besonders für Vattenfall von Bedeutung ist, da das Unternehmen den größten Marktanteil besitzt und deswegen Hauptziel von Wettbewerberkampagnen sein dürfte. Dagegen steht für die neuen Anbieter eher die Neukundenakquise im Vordergrund, wobei ebenfalls davon ausgegangen werden kann, dass auch sie Kunden an Wettbewerber verlieren.

4.3 Das deutschtürkische Segment

Laut einer Analyse des Radios MetropolFM leben in Berlin 170.000 Deutschtürken (MetropolFM, o. J., S. 6). Ausgehend von der statistischen Haushaltsgröße der Deutschtürken von rund 3,3 aus dem Kapitel 3.3.1, gibt es in der Hauptstadt 51.515 deutschtürkische Haushalte. Ausgehend von 1,8 Millionen Haushalten in Berlin kann das deutschtürkische Segment auf rund 2.9% beziffert werden. Diese Angabe mag auf den ersten Blick winzig erscheinen, jedoch wurde bereits dargelegt, dass die Deutschtürken aufgrund ihrer größeren Familien und ihrer Technikaffinität einen höheren Stromverbrauch aufweisen. Allerdings existieren keinerlei Verbrauchsdaten deutschtürkischer Haushalte. Somit kann vermutet werden, dass oftmals die Segmentgröße von circa 3% und die fehlenden Verbrauchsdaten als Rechtfertigung für fehlendes Engagement der Stromanbieter dienen.

Bisher hat lediglich Yello Strom im Rahmen einer bundesweiten Kampagne die Berliner Deutschtürken angesprochen. Der Stromanbieter nutzte die emotional besetzte türkische Sprache in Anzeigen und Werbespots. So wurden die Leser und Zuschauer aufgefordert, türkische Sprichwörter zu erweitern bzw. zu vervollständigen. Die Kampagne hatte einen übermäßigen Erfolg. Die Deutschtürken waren so begeistert, dass sie aus ganz Deutschland anriefen und weitere Sprichwörter vorschlugen (Kraus-Weysser/Ugurdemir-Brincks, 2002, S. 74).

Neben dieser Kampagne hat auch Vattenfall aufgrund der Ereignisse in den Sommermonaten 2007 die Notwendigkeit erkannt, die deutschtürkische Zielgruppe zu informieren. Das Unternehmen schaltete in der türkischen Tageszeitung Hürriyet Anzeigen, um die Verbraucher in ihrer Muttersprache anzusprechen (o. V., 2007c, S. 17). Zwar kann in diesem Fall nicht von einer wirklichen Werbekampagne gesprochen werden, da die Information über die aktuellen Ereignisse im Vordergrund stand. Jedoch kann die Anzeige als erstes Anzeichen gewertet werden, dass auch Vattenfall die Berliner Deutschtürken als ernst zu nehmendes Segment ansieht.

4.4 Kundenbindung im Privatkundenmarkt

4.4.1 Kundenbindungsinstrumente

Bereits in den vorherigen Gliederungspunkten wurde deutlich, dass Kundenbindung aufgrund der Marktanteilskonstellation hauptsächlich für Vattenfall von Relevanz ist. Ebenso ist klar geworden, dass dem deutschtürkischen Segment nicht viel Beachtung geschenkt wird, weshalb auch keine Kundenbindungsmaßnahmen existieren, die ausschließlich auf die Zielgruppe ausgerichtet sind. Dennoch sollen im Folgenden Bindungsinstrumente vorgestellt werden, die sich an die Berliner Privatkunden richten und deshalb auch die Deutschtürken miteinschließen.

Da Vattenfalls vorrangiges Ziel der Erhalt des Marktanteils ist, besitzt das Unternehmen auch verschiedene Instrumente, um seine Kunden zu binden. Als wichtigstes Instrument im Privatkundenmarkt kann die Kundenbroschüre Highlights, ehemals Watt & More genannt werden. Dabei handelt es sich um eine Broschüre, in der zahlreiche Coupons enthalten sind, mithilfe derer die Konsumenten Vergünstigungen (bspw. für Kinos, Events, Einzelhandel etc.) erhalten. Neben den Vergünstigungen enthält das Heft auch Informationen über einzelne Aktionen sowie über das soziale, regionale und sportliche Engagement Vattenfalls. Ziel der Broschüre ist es, die regelmäßige Kommunikation zwischen Kunde und Stromversorger zu gewährleisten, dass Engagement sowie die Verbundenheit mit der Stadt Berlin zu betonen und dem Empfänger einen „Hauch“ von Exklusivität zu vermitteln (o. V., 2005, S. 34).

Bei den neuen Anbietern sind die Instrumente der Kundenbindung eher marginal bis gar nicht ausgeprägt. Erste Maßnahmen zur Bindung finden sich lediglich bei Lichtblick und Eprimo.

Beide Unternehmen stellen ihren Kunden einen Online-Newsletter zur Verfügung. Dieser beinhaltet Informationen über Energie bzw. Strom sowie über das Unternehmen (Lichtblick, 2007, online); (Eprimo, 2007, online). Allerdings setzen beide Unternehmen voraus, dass der Kunde aktiv wird und den Newsletter selbstständig downloadet. Dabei erscheint es aufgrund des Low-Involvement Charakters von Strom unwahrscheinlich, dass weite Teile der Konsumenten die Infobriefe runterladen. Ferner ist festzuhalten, dass diese nicht explizit auf die Berliner ausgerichtet sind und aus diesem Grund die Vermutung gestützt wird, dass sie auf nur geringes Interesse stoßen.

Abschließend wird festgehalten, dass lediglich Vattenfall ernst zu nehmende Kundenbindung praktiziert. Bei den neuen Anbietern sind dagegen keine wirklichen Maßnahmen zur Bindung der Berliner Kunden erkennbar. Dies ist auch nicht verwunderlich, da für sie aufgrund der Marktsituation die Gewinnung von Marktanteilen oberste Priorität hat. Jedoch können die Newsletter als erste Tendenz in Richtung Kundenbindung aufgefasst werden.

4.4.2 Determinanten der Verbundenheit

Es wurde bereits erwähnt, dass keinerlei Studien über Deutschtürken im Strommarkt existieren. Dennoch soll an dieser Stelle auf die drei Determinanten der Verbundenheit: Zufriedenheit, Vertrauen und Commitment eingegangen werden. Denn die im Folgenden vorgestellten Erkenntnisse betreffen den gesamten Strommarkt, was auch die deutschtürkische Zielgruppe einschließt.

Die Gesamtzufriedenheit der deutschen Stromkunden befindet sich auf einem sehr hohen Niveau. Bei der Betrachtung von Einzelzufriedenheit, wie Zuverlässigkeit und Leistungsfähigkeit, erhalten die Unternehmen sogar Bestnoten (VDEW, 2006 S. 19). Diese überdurchschnittliche Zufriedenheit wird bereits mit Erfüllung der Basiserwartung, also der permanenten Versorgung mit Strom, erreicht. Dies ist auch für ein Low-Involvement Produkt nicht verwunderlich. Untersuchungen ergaben, dass sich die Wahrnehmung bei Produkten, mit denen sich der Konsument nur geringfügig kognitiv auseinandersetzt, lediglich auf grundlegende Erwartungen reduziert. Diese Produktzufriedenheit wirkt sich aber sehr stark auf die

Gesamtzufriedenheit aus (Bakay, 2003, S. 73). Des Weiteren strahlt die Produktzufriedenheit auch auf andere Objekte, wie Service und Mitarbeiter, ab und beeinflusst diese positiv (Braunstein, 2001, S. 35).

Das Vertrauen von Stromkunden wurde bisher nicht explizit untersucht. Allerdings existieren Untersuchungen, die zumindest Indizien liefern. So wurde festgestellt, dass nach der ersten Hochphase der Liberalisierung Ende 1999 eine Reihe von Kunden stark verunsichert war und sich deshalb vertrauensvoll an ihren Altversorger wandte. Neben dieser Verunsicherung konstatierten auch andere Studien, dass aufgrund der langjährigen Beziehung zu den alten Stromversorgern die Kunden eine kindlich-vertraute Grundeinstellung besitzen, Strom als selbstverständlich ansehen und sich vollkommen auf den Anbieter verlassen. Analysen von Stromwechslern ergaben ebenfalls, dass diese dem Anbieter in Hinblick auf die Zuverlässigkeit vertrauen. Jedoch werfen sie ihnen das Ausnutzen der ehemaligen Monopolstellung sowie die Drohung, den Strom von anderen Anbietern nicht durchzuleiten, vor (Bakay, 2003 S. 75 f.).

Ebenso wie das Vertrauen wurde auch das Commitment von Stromkunden bislang noch nicht explizit untersucht. Aus diesem Grund kann auch hier nur aus Studien auf die innere Verpflichtung geschlossen werden. Die bereits erwähnte Verunsicherung der Verbraucher hat sich auch positiv auf das Commitment ausgewirkt. Tiefenpsychologische Interviews fanden heraus, dass die Kunden sich emotional zum Altversorger bekennen. Diese emotionale Hinwendung ist z. T. so stark ausgeprägt, dass sie Wechselgedanken vollständig verdrängt. Einige Verbraucher sehen sich z. B. als Teil einer solidarischen Versorgungsgemeinschaft, aus der nicht einfach ausgestiegen werden kann. So wird die Stromrechnung nicht als solche aufgefasst, sondern eher als eine Art Steuerrechnung, deren Betrag dem Allgemeinwohl dient. Andere Verbraucher fassen die Liberalisierung als „Angriff" auf die Region auf, gegen den sich verteidigt werden muss (Bakay, 2003, S. 80).

Abschließend kann festgehalten werden, dass die Beziehung zum Stromversorger doch stärker emotional ausgeprägt ist, als dies weitläufig angenommen wird. So ist innerhalb der Stromwirtschaft die permanente Versorgung für das hohe Zufriedenheitsniveau verantwortlich. Dagegen ist das Vertrauen unterschiedlich ausgeprägt. Einerseits vertrauen die Kunden ihrem Stromversorger, andererseits wirken einzelne Handlungen und Äußerungen der Anbieter dem Vertrauen entgegen. Hinsichtlich des Commitments kann festgehalten werden, dass dies nur vereinzelt vorhanden ist.

5 Empirieteil

5.1 Durchführung und Ziele der Studie

In der vorliegenden Diplomarbeit führte der Autor im Oktober 2007 eine schriftliche Befragung unter Deutschtürken durch.[17] Da keinerlei öffentlich zugängliche Studien über die deutschtürkische Zielgruppe im Strommarkt existieren, kann die vorliegende Studie als Pilotversuch aufgefasst werden. Klassischerweise sind schriftliche Befragungen unter Deutschtürken nicht sonderlich beliebt, was sich in den geringen Rücklaufquoten widerspiegelt. Stattdessen bevorzugen sie eher die persönliche Kommunikation, und gleichzeitig werden Fragebögen oftmals mit offiziellen Dokumenten in Verbindung gebracht und deswegen gemieden (Klee et al., 2003, S. 81). Jedoch war die innerhalb der Zielgruppe bevorzugte mündliche Befragung aus Sicht des Autors aus zwei Gründen nicht möglich. Erstens besitzt er keinerlei türkische Sprachkenntnisse, und zweitens hat er aufgrund seiner nicht türkischen Herkunft nur begrenzt Zugang zur deutschtürkischen Community. Besonders aufgrund des letzten Punkts erschien der Einsatz eines Fragebogens sinnvoller, da dieser über türkische Freunde, Kommilitonen und Bekannte verteilt werden konnte.

Der Verfasser versuchte, den Fragebogen so kurz wie möglich, aber so lang wie nötig zu gestalten. Insgesamt wies er 42 Fragen auf, wobei einzelne thematisch zusammenhängende Fragen zu Blöcken zusammengefasst wurden. Damit wurde der Bogen zumindest optisch verkürzt und die Probanden nicht durch die Fülle abgeschreckt. Ferner war er auch auf Deutsch und Türkisch erhältlich, sodass auch Personen befragt werden konnten, die nicht ausreichend über deutsche Sprachkenntnisse verfügten. Gleichzeitig führte die zweisprachige schriftliche Befragung zu mehr Akzeptanz, da viele Personen nicht mit einem in türkischer Sprache verfassten Bogen rechneten und somit positiv überrascht waren. Neben der persönlichen Verteilung nutzte der Autor auch das Internet. So wurden auf der Seite StudiVZ.net zahlreiche deutschtürkische Personen angeschrieben und gebeten, den Bogen auszufüllen. Wie oft in der Marketingliteratur empfohlen, wurde ein Pre-Test durchgeführt, der es ermöglichte, vor der eigentlichen Befragung unverständliche Fragen und Vokabeln zu ändern (Berekoven et al., 2006, S. 119).

[17]Befragt wurden Personen türkischer Abstammung, d. h. Personen, bei denen ein Teil der Eltern oder Großeltern (mütterlicher- oder väterlicherseits) in der Türkei geboren und die mindestens 18 Jahre alt sind.

Die mit der empirischen Studie verbundenen Ziele waren, es herauszufinden, wie stark das Strom-Involvement der deutschtürkischen Zielgruppe ist, wie zufrieden sie mit ihrem Anbieter sind und inwieweit sie diesem vertrauen und sich diesem innerlich verpflichtet fühlen. Des Weiteren wurden die Einstellungen der Deutschtürken gegenüber dem Anbieter ermittelt. Ferner wurden verschiedene Merkmale nach ihrer Wichtigkeit abgefragt, Fragen zur Verbundenheit und zu türkischen Kommunikationsmaßnahmen gestellt.

5.2 Aufbau des Fragebogens

Der in der Studie verwendete Fragebogen wurde in 8 Abschnitte unterteilt.

- **Abschnitt I:** Der Fragebogen beginnt mit einer Einführung. Diese informiert den Probanden über Sinn und Zweck der Studie, gibt Auskunft zu den Teilnahmebedingungen, zur Dauer und zur Verwendung der Daten.
- **Abschnitt II:** Dieser Abschnitt (Frage 1-9) beschäftigt sich mit dem Involvement der deutschtürkischen Stromkunden (mit Ausnahme von Frage 1, die als einleitende Frage aufgefasst werden kann).
- **Abschnitt III:** In diesem Teil (Frage 10) geht es sowohl um die Gesamtzufriedenheit als auch um die Zufriedenheit einzelner Aspekte.
- **Abschnitt IV:** Dieser Abschnitt (Frage 11) widmet sich den Einstellungen (affektiv und kognitiv) gegenüber dem Anbieter.
- **Abschnitt V:** Dieser Teil (Frage 12) gibt Auskunft über die Wichtigkeit einzelner Aspekte.
- **Abschnitt VI:** Dieser Abschnitt (Frage 13) beschäftigt sich mit dem Vertrauen und einzelnen Dimensionen des Commitments.
- **Abschnitt VII:** Der vorletzte Abschnitt (Frage 14) thematisiert die türkische Kommunikation und Verbundenheit.
- **Abschnitt VIII:** Der letzte Abschnitt (Fragen 15-20) widmet sich den soziodemographischen Merkmalen der Probanden. Gleichzeitig wurde an dieser Stelle noch die Möglichkeit gegeben, sich über Sachverhalte zu äußern, die den Probanden „am Herzen liegen", aber nicht Inhalt des Bogens waren.

5.3 Darstellung und Analyse der Ergebnisse

In diesem Gliederungspunkt sollen die Ergebnisse der Studie dargestellt und im Anschluss analysiert werden. Die Darstellung der Resultate erfolgt entsprechend der Abfolge der gestellten Fragen mit Ausnahme der soziodemographischen Merkmale. Diese werden vorangestellt, um dem Leser die Struktur der Stichprobe näherzubringen. Die Auswertung und graphische Darstellung erfolgte durch das Statistikprogramm SPSS und Microsoft Excel.[18] Insgesamt bekam der Autor 152 Bögen zurück, wobei einer mangels Angaben nicht ausgewertet werden konnte. Da der Fragebogen z. T. durch Dritte (Freunde, Kommilitonen und Bekannte) verteilt wurde, ist es nicht möglich, die genaue Rücklaufquote anzugeben. Gleichzeitig erhebt die Studie keinen repräsentativen Anspruch. Jedoch können die Ergebnisse als Tendenz aufgefasst werden. Aufgrund der Fragebogenanzahl ist es nicht möglich, alle Ergebnisse in der Arbeit visuell abzubilden. Deshalb befinden sich einzelne Graphiken im Anhang. Ferner wird auch immer die Anzahl der gültigen Fälle (N:) angegeben. Teilweise blieben einzelne Fragen unbeantwortet, weshalb die Anzahl der einzelnen Fälle variiert. Darüber hinaus werden die Fragen 9, 10, 12, 13 und 14 mit ihren Teilfragen zusammenbetrachtet. Die einzelnen Teilfragen sind durch Buchstaben gekennzeichnet. Demnach handelt es sich bei Frage 9: Ich überlege mir die Wahl des Stromanbieters gründlich um die Frage 9a. Des Weiteren waren bei der überwiegenden Anzahl der gestellten Fragen Mehrfachantworten (mit Ausnahme der Frage 11) nicht möglich, weshalb auf die Angabe nach einzelnen Fragen bzw. Teilfragen verzichtet wird.

Abschnitt VIII: Die Frage 15 ermittelt die Altersstruktur der Stichprobe. Innerhalb der Stichprobe sind rund 40% im Alter zwischen 26-35 Jahren. Mit jeweils rund einem Viertel sind die Altersgruppen 18-25 Jahre und 36-45 Jahre vertreten. Die Altersgruppe 46-55 Jahre umfasst annähernd 7%. Die 56-65-Jährigen sind lediglich mit 2,7% vertreten und die über 65-Jährigen nur mit weniger als 1% (siehe Abbildung 2 im Anhang) (N: 149).

Die Frage 16 widmet sich dem Geschlecht. Über 63% der befragten Personen sind männlich. Weibliche Probanden dagegen sind mit 36,3% vertreten. Somit liegt der Schwerpunkt bei den Männern. Eine Ursache dafür war, dass es für den Autor grundsätzlich sehr

---

[18]Für die Datenanalyse in SPSS nutzte der Autor das Buch von Achim Brühl, SPSS 14, Einführung in die moderne Datenanalyse.

schwierig war, weibliche Probanden, insbesondere die der ersten Generation, befragen zu können (siehe Abbildung 3 im Anhang) (N: 146).

Frage 17 ermittelt den Geburtsort. Innerhalb der Stichprobe sind 56% in der Türkei geboren und 44% in Deutschland (siehe Abbildung 4 im Anhang) (N: 150).

Frage 18 thematisiert die Aufenthaltsdauer der in der Türkei geborenen Probanden. Die Hälfte lebt schon länger als 20 Jahre in Deutschland. Rund 15% leben seit 16-20 Jahren in der BRD und fast 18% seit 11-15 Jahren. Lediglich um die 10% leben erst bis zu 5 Jahren in Deutschland (siehe Abbildung 5 im Anhang) (N: 84).

Frage 19 ermittelt die Bildungsstruktur der Stichprobe. Rund je 20% absolvierten eine Berufsausbildung, Fach- bzw. Abitur oder ein Studium. Ein Viertel kann einen Realschulabschluss nachweisen, und rund 12% besitzen einen Hauptschulabschluss. Nur 2,8% haben überhaupt keinen Abschluss (siehe Tabelle 1, im Anhang) (N: 144).

Frage 20 thematisiert, welche Sprache überwiegend im Alltag gesprochen wird. Auffallend ist, dass 53,7% der Probanden überwiegend auf Deutsch kommunizieren. Dagegen verwenden 46,3% hauptsächlich die türkische Sprache im Alltag (N: 121). Die geringe Anzahl der Fälle hat die Ursache, dass rund 18% sich nicht eindeutig zu einer Sprache bekennen konnten oder wollten. Da jedoch der Fragebogen sowohl auf Deutsch als auch auf Türkisch vorhanden war, kann von der Wahl der Fragebogensprache zumindest eine Präferenz abgeleitet werden. Von den insgesamt 151 Probanden wählten 56,3% die deutsche Version. Dagegen entschieden sich 43,7% für die türkische. Somit kann festgehalten werden, dass überwiegend Deutsch genutzt wird (siehe Abbildung 6 im Anhang) (N: 151).

Da an dieser Stelle die soziodemographischen Merkmale abgeschlossen sind, wird nun im Folgenden der Reihenfolge des Fragebogens gefolgt.

Abschnitt II: Frage 1 beschäftigt sich mit der Haushaltsgröße der Stichprobe. Auffallend ist, dass über 48% der Probanden in einem Haushalt mit mindestens 4 Personen leben. Über 87% leben immerhin in einem Haushalt mit mindestens 2 Personen. Dagegen sind Singlehaushalte lediglich mit 12,5% vertreten. Die statistische Haushaltsgröße der Stichprobe beträgt 3,38 und ist damit mit der im Kapitel 3.3.1 aufgeführten identisch (siehe Abbildung 7 im Anhang) (N: 144).

Die Frage 2 thematisiert den aktuellen Stromversorger der Stichprobe. Innerhalb der Stichprobe sind fünf verschiedene Anbieter vertreten. Auffallend ist, dass auch hier Vattenfall einen Marktanteil von rund 80% besitzt. Die restlichen 20% verteilen sich auf die anderen vier Anbieter. Allerdings muss festgehalten werden, dass z. T. mehrere Personen eines Haushaltes befragt wurden. Somit ist der Versorger eines Haushaltes mit mehren Mitgliedern stärker in der Stichprobe vertreten, weshalb von der Graphik nicht ohne Weiteres auf die Grundgesamtheit geschlossen werden kann. Jedoch ist erkennbar, dass der Berliner Versorger Vattenfall auch im deutschtürkischen Segment die vorherrschende Stellung innehat. Der zweithäufigste Anbieter mit 14,5% ist Yello Strom. Dieser relativ hohe Anteil kann mitunter auf die zielgruppengerechte Kampagne und Ansprache zurückgeführt werden (siehe Abbildung 8 im Anhang) (N: 145).

Die Frage 3 beschäftigt sich mit der aktuellen Tarifart. Auffallend ist, dass lediglich 55,3% ihren Tarif überhaupt nennen können. Dagegen war er 44,7% gänzlich unbekannt. Bei näherer Betrachtung ist erkennbar, dass rund ein Drittel konventionellen Strom, d. h. Strom aus Gas- oder Kohleerzeugung, über 14% Atomstrom und immerhin 7,8% Ökostrom beziehen (siehe Tabelle 2 im Anhang) (N: 141).

Frage 4 thematisiert, ob in den vergangenen 6 Monaten der Tarif innerhalb des Anbieters gewechselt wurde. Lediglich 15,3% haben im vergangenen halben Jahr den Tarif gewechselt (siehe Tabelle 3 im Anhang) (N: 144).

Frage 5 ermittelt, ob in den vergangenen 6 Monaten der Anbieter gewechselt wurde. Nur 10,5% der Probanden wechselten den Anbieter (siehe Tabelle 4, im Anhang), (N: 143).

Die Frage 6 fragte nach den Gründen für den Anbieterwechsel. Dabei wurde der Preis mit 7,3% am häufigsten genannt, gefolgt vom besseren Service mit 0,7% (siehe Tabelle 5 im Anhang) (N: 12).

Frage 7 thematisiert den Jahresverbrauch. Auffallend ist, dass rund zwei Drittel der Probanden mehr als 2.000 kWh verbrauchen. Dagegen sind die Personen, die lediglich einen Verbrauch von weniger als 1.500 kWh haben, nur mit rund 11% vertreten. Allerdings dürfte es sich größtenteils um die Selbsteinschätzung der Probanden handeln. Der Verfasser der vorliegenden Arbeit hält es für unwahrscheinlich, dass das Gros der Probanden die letzte Jahresrechnung zur Grundlage der Angabe nahm. Aus diesem Grund kann dieser Aussage nur eingeschränkte Bedeutung beigemessen werden (siehe Abbildung 9 im Anhang) (N: 124).

Frage 8 beschäftigt sich mit der überwiegenden Kontaktform. Die größte Anzahl, und zwar 39%, kontaktieren ihren Anbieter auf schriftlichem Weg. Erst im Anschluss erfolgt die telefonische Kontaktaufnahme mit circa 28%. Dieses Ergebnis überrascht ein wenig, da im Zusammenhang mit der deutschtürkischen Zielgruppe oftmals die Präferenz der persönlichen Kommunikation betont wird, zu der auch die telefonische gezählt wird (Bruhn, 2005, S. 6). Der Verfasser der vorliegenden Arbeit kann nur vermuten, dass die Stromunternehmen noch immer als eine Art „Behörde" angesehen werden und deshalb die Kontaktaufnahme eher schriftlich erfolgt. Ebenfalls auffällig ist, dass rund ein Fünftel überhaupt keinen Kontakt zum Versorger aufnimmt. Dagegen kontaktieren bereits circa 14% ihren Anbieter via Internet (siehe Abbildung 10 im Anhang) (N: 130).

Die Frage 9 mit den Teilfragen (a-d) beschäftigt sich mit dem Involvement (siehe Abbildung 11 im Anhang).

Frage 9a thematisiert die gedankliche Auseinandersetzung bei der Stromversorgerwahl. Fast 60% geben an, sich die Wahl des Stromanbieters genau zu überlegen bzw. zu überlegen. 20% geben an, dass sie sich mit der Wahl des Anbieters nicht wirklich auseinandersetzen. Wiederum circa 20% setzen sich gedanklich nicht mit der Stromversorgerwahl auseinander (N: 150).

Die Frage 9b ermittelt die gedankliche Auseinandersetzung bei der Tarifwahl. Um die 63% geben an, sich die Wahl des Tarifes gut zu überlegen bzw. zu überlegen. Rund 18% widmen der Tarifwahl nicht sonderlich viel Aufmerksamkeit. Annähernd 18% der Probanden geben an, sich nicht bzw. überhaupt nicht mit der Tarifwahl zu befassen (N: 149).

Frage 9c befasst sich mit der monatlichen Informationssuche über die Wettbewerbertarife. Rund 22% setzen sich mindestens einmal im Monat mehr oder minder mit den unterschiedlichen Tarifen von verschiedenen Stromversorgern auseinander. Circa ein Fünftel ist geteilter Auffassung. Die Mehrheit von fast 57% befasst sich bzw. überhaupt nicht mit den Tarifen anderer Anbieter (N: 147).

Frage 9d beinhaltet das Informationsbedürfnis über die verschiedenen Tarife des eigenen Versorgers. Circa 20% geben an, dass dies voll zu trifft bzw. zu trifft. Rund 25% sind unentschlossen und mehr als 55% informieren sich nicht monatlich über die verschiedenen Tarife (N: 143).

Abschnitt III: Die Frage 10 mit ihren Teilfragen a-f thematisiert die Zufriedenheit der Deutschtürken mit ihrem Stromversorger (siehe Abbildung 12 im Anhang).

Frage 10a ermittelt die Gesamtzufriedenheit. Annähernd 58% sind mit ihrem Versorger voll bzw. zufrieden. Rund 28% sind geteilter Auffassung. Dagegen äußeren circa 14%, dass sie mit ihrem Anbieter eher unzufrieden sind (N: 149).

Frage 10b thematisiert die Zufriedenheit in Bezug auf die Zuverlässigkeit. Über 72% sind tendenziell zufrieden. Rund 18% sind zumindest nicht unzufrieden. Lediglich fast 10% sind mit der Zuverlässigkeit nicht zufrieden (N: 148).

Frage 10c widmet sich der Zufriedenheit der Serviceleistungen. Circa 55% sind voll zufrieden bzw. zufrieden. Fast 30% sind neutraler Meinung. Lediglich rund 14% sind un- bzw. völlig unzufrieden (N: 147).

Die Frage 10d ermittelt die Zufriedenheit mit der Information über Preise und Tarife. 40% fühlen sich ausreichend informiert. Annähernd ein Drittel ist nicht zufrieden, aber auch nicht unzufrieden. Wiederum fast 30% fühlen sich nicht bzw. überhaupt nicht ausreichend informiert (N: 150).

Die Frage 10e thematisiert die Zufriedenheit hinsichtlich der Verständlichkeit der Abrechnung. Annähernd die Hälfte ist mit dieser voll zu- bzw. zufrieden. Circa ein Drittel ist weder un- noch zufrieden. Dagegen sind rund 18% un- bzw. sehr unzufrieden (N: 145).

Frage 10f widmet sich der Kundenbetreuung. Etwa 50% sind mit dieser zufrieden bzw. voll zufrieden. Rund ein Drittel ist geteilter Auffassung. Lediglich circa 17% sind un- bzw. sehr unzufrieden mit der Kundenberatung (N: 149).

Abschnitt IV: Frage 11 widmet sich den Einstellungen[19] der Probanden gegenüber dem Anbieter (siehe Abbildung 16). Besonders auffällig ist, dass die Probanden Strom als teuer einschätzen. Dies kann u. a. auf die zahlreichen Berichterstattungen der Medien zurückgeführt werden, die oftmals den Strompreis thematisieren. Jedoch lässt sich insgesamt festhalten, dass die Einstellungswerte kleiner als 3,5 sind und sich damit im positiven Bereich befinden (N: 133, Mehrfachantworten möglich).

---

[19]Mit Frage 11 hatte eine große Anzahl von Probanden Schwierigkeiten. So kreuzte eine Vielzahl der Probanden lediglich ein Wortpaar an bzw. andere vergaßen einzelne Wortpaare. Da der Autor der vorliegenden Arbeit aber die affektive und kognitive Dimension der Einstellung messen wollte, wurden nur die Fragebögen berücksichtigt, die Frage 11 vollständig ausgefüllt hatten.

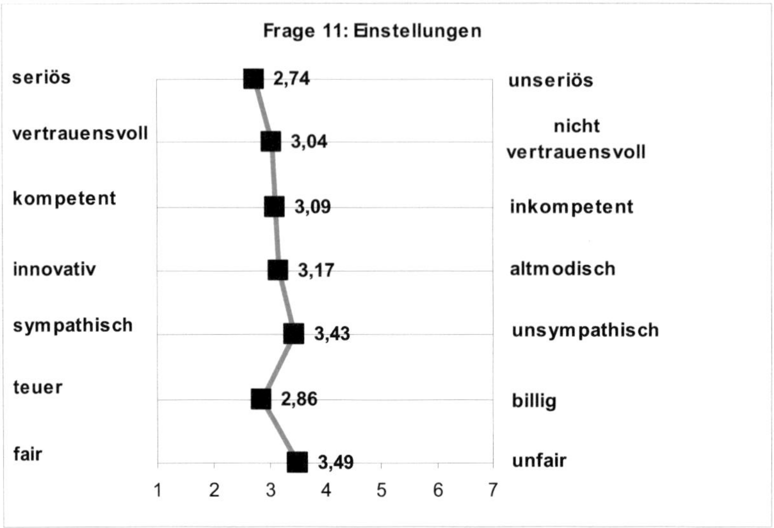

Abbildung 16: Einstellungen gegenüber dem Anbieter, eigene Darstellung[20]

Abschnitt V: Frage 12 (a-e) ermittelt einzelne Aspekte nach ihrer Wichtigkeit (siehe Abbildung 13 im Anhang).

Frage 12a thematisiert das Umweltbewusstsein der Deutschtürken. 71% geben an, dass ihnen der Umwelteinsatz des Stromanbieters „am Herzen liegt". Mehr als ein Fünftel stehen dem Umweltaspekt neutral gegenüber. Nur circa 7% erachten das Umweltengagement des Versorgers für eher unwichtig bzw. unwichtig (N:144).

Frage 12b beschäftigt sich mit dem gesellschaftlichen Engagement. Rund 59% empfinden das gesellschaftliche Engagement für sehr wichtig bzw. wichtig. Für über 30% ist es weder wichtig noch unwichtig. Lediglich circa 9% sagen, dass es für sie eher unwichtig bzw. unwichtig ist (N: 144).

[20]Die vorliegende Einstellungsmessung kann auch als Imagemessung aufgefasst werden (Kroeber-Riel/Weinberg, 2003, S. 197). Unter einem Image kann das „ganzheitliche Bild" vom Einstellungsobjekt verstanden werden (Trommsdorff, 2003, S. 150).

Frage 12c ermittelt die Wichtigkeit des sozialen Engagements. Circa 63% sagen, dass für sie soziales Engagement wichtig ist. Rund 30% sind geteilter Auffassung. Dagegen empfinden es nur 6,8% für nicht relevant (N: 147).

Frage 12d thematisiert die Wichtigkeit des Services. Für über 85% ist dieser sehr wichtig bzw. wichtig. Lediglich circa 14% sind unentschlossen. Eine verschwindend geringe Anzahl von 0,7% ist der Meinung, dass Service eher unwichtig ist und 0% empfinden ihn als unwichtig (N: 145).

Frage 12e ermittelt die Wichtigkeit des Preises. Für annähernd 90% der Probanden ist dieser sehr wichtig bzw. wichtig. Unentschlossen sind lediglich 9,5%. Als eher unwichtig stufen nur 0,7% den Preis ein. Keiner der befragten Probanden stuft den Preis als unwichtig ein (N: 147).

Abschnitt VI: Frage 13 (a-f) widmet sich dem Vertrauen und dem Commitment der Probanden (siehe Abbildung 14 im Anhang).

Frage13a beschäftigt sich mit dem generellen Vertrauen der Deutschtürken gegenüber ihrem Stromversorger. Annähernd 56% vertrauen ihrem Versorger. Rund 29% erklären, dass sie dem Versorger weder vertrauen noch misstrauen. Mehr als 15% vertrauen ihrem Versorger eher nicht bzw. nicht (N: 150).

Frage 13b thematisiert, ob eine zukünftige Stromversorgung desselben Versorgers stattfindet. 53% stimmen dem zu. Rund ein Drittel zählt zu den Unentschlossenen. Für circa 13% ist mehr oder minder klar, dass der Anbieter sie zukünftig nicht versorgen wird (N: 151).

Frage 13c ermittelt die Zuversicht, dass der Stromversorger auch in 5 Jahren noch auf dem Markt existiert. Für mehr als 75% trifft dies voll zu bzw. zu. Wiederum ist fast ein Fünftel geteilter Auffassung. Weniger als 5% glauben, dass ihr Versorger in fünf Jahren vom Markt verschwunden sein wird (N: 147).

Frage 13d beschäftigt sich damit, ob die Probanden beim jetzigen Anbieter bleiben oder nicht. Annähernd 40% bejahten diese Frage mehr oder minder. Über 37% sind geteilter Auffassung. Mehr als ein Fünftel sagen, dass sie eher nicht bzw. nicht beim Anbieter bleiben werden (N: 151).

Frage 13e beschäftigt sich mit der Absicht, den Anbieter zukünftig weiterzuempfehlen. Fast ein Drittel gibt an, dies tun zu wollen. Über 40% sind geteilter Auffassung.

Wiederum mehr als ein Viertel wird den Anbieter nicht bzw. gar nicht weiterempfehlen (N: 150).

Frage 13f ermittelt, ob die Deutschtürken ihren Anbieter weiterempfehlen. Fast ein Viertel empfiehlt ihren Anbieter weiter. Wiederum fast 40% sind unentschlossen. Mehr als 35% geben an, ihrem Stromversorger nicht bzw. gar nicht weiterzuempfehlen (N: 150).

Abschnitt VII: Die Frage 14 a-e beschäftigt sich mit der werblichen Ansprache auf Türkisch und der Verbundenheit (siehe Abbildung 15, im Anhang).

Frage 14a thematisiert, ob die Probanden die werbliche Ansprache in türkischer Sprache befürworten. Rund 68% stimmen dem voll zu bzw. zu. Rund 20% sind unentschlossen. Lediglich etwas mehr als ein Zehntel stimmt dem nicht bzw. gar nicht zu (N: 150).

Frage 14b ermittelt, ob die Deutschtürken an türkischen Informationsmaterialien und Rechnungen Interesse haben. 70% begrüßen türkische Materialien. Rund 16% sind geteilter Meinung. Nur um die 13% möchten keinerlei türkischen Informationsbroschüren (N: 150).

Frage 14c beschäftigt sich damit, ob Interesse besteht, mit den Mitarbeitern türkisch zu sprechen. Mehr als 71% begrüßen diese Möglichkeit. Annähernd 17% sind unentschlossen. 12% dagegen sagen, dass sie dies nicht bzw. gar nicht begrüßen (N: 149).

Frage 14d ermittelt, ob die Ansprache in der Muttersprache bewirkt, dass der Proband beim Anbieter bleibt. Circa 50% bejahen diese Frage mehr oder minder. Rund ein Viertel ist neutraler Auffassung. Annähernd ein weiteres Viertel verneint die Frage (N: 149).

Frage 14e thematisiert die Verbundenheit der Probanden zur Türkei. Mehr als 65% geben an sich mehr oder minder mit der Türkei verbunden zu fühlen. Annähernd 18% sind unentschlossen. Fast 17% fühlen sich nicht mit der Türkei verbunden (N: 148).

Frage 14f ermittelt die Verbundenheit der Probanden zu Berlin. Fast 80% fühlen sich mit Berlin verbunden. Lediglich um die 10% sind geteilter Meinung. Wiederum fast 10% fühlen sich nicht mit Berlin verbunden (N: 148).

Die Möglichkeit sich, zu Sonstigem zu äußern, nutzten nur wenige Probanden. Einige nannten als Kritikpunkt den hohen Strompreis. Andere bedankten sich für die Möglichkeit der Teilnahme.

Nachdem nun die Ergebnisse der Studie dargestellt wurden, sollen diese analysiert werden. Ziel ist es, herauszufinden, inwieweit sich die einzelnen Generationen hinsichtlich des Involvements, der Zufriedenheit, der Einstellungen, des Vertrauens, des Commitments, der türkischen Kommunikation und der Verbundenheit unterscheiden.

Obwohl in Gliederungspunkt 3.2.5 festgestellt wurde, dass die deutschtürkische Zielgruppe viel differenzierter ist, wird die Stichprobe in die drei Generationen eingeteilt. Denn diese Einteilung ist für die Zielstellung der vorliegenden Diplomarbeit ausreichend. Circa 63% (26-45 Jahren) gehören zur zweiten Generation und rund 26% (18-25 Jahren) zur dritten. Die erste Generation (ab 46 Jahren) ist mit rund 10% vertreten. Somit dominiert der mittlere Jahrgang (siehe Tabelle 6, im Anhang) (N: 149). Im Folgenden werden die einzelnen thematisch zusammengehörenden Fragen gemeinsam analysiert. Auf die einzelnen Angaben der Mittelwerte je Frage bzw. Teilfrage in den Graphiken und im Text wurde aus Gründen der Lesbarkeit verzichtet. Stattdessen soll stärker auf die Unterschiede der verschiedenen Jahrgänge eingegangen werden. Um den interessierten Leser dennoch einen umfassenden Überblick zu gewährleisten, befinden sich die genauen Mittelwerte je Frage und Generation im Anhang (siehe Tabellen 7-15).

Die differenzierte Betrachtung des Strominvolvements ist in Abbildung 17 dargestellt. Deutlich ersichtlich sind die Unterschiede zwischen den Jahrgängen bei der Stromanbieter- und Tarifwahl (Fragen a und b). Während die Differenz bei der Wahl des Stromanbieters 0,24 Skalenstufen bzw. rund 5% beträgt, beläuft sich der Unterschied bei der Tarifwahl auf 0,3 Skalierungspunkte bzw. 6%.[21]. Dagegen fallen die Abweichungen bei der regelmäßigen Beschäftigung mit den Stromversorgern noch größer aus. Bei den Angeboten des eigenen Versorgers beträgt sie 0,77 Skalenstufen bzw. 15,4% und bei Wettbewerberangeboten sogar 0,87 Skalierungspunkte bzw. 17,4% (Fragen c und d). Insgesamt kann festgehalten werden, dass das Strominvolvement von der ersten zur dritten Generation abnimmt. Dies kann als Indiz aufgefasst werden, dass sich in einem generationsübergreifenden Haushalt – wenn überhaupt – der älteste lebende Jahrgang mit dem Strom beschäftigt. Ebenfalls ist erkennbar, dass sich die Deutschtürken stärker mit der Stromanbieter- und Tarifwahl auseinandersetzen.

---

[21]Die Mittelwertdifferenz drückt immer den Unterschied zwischen den beiden Extremwerten aus und ist sowohl absolut, d. h. in Skalierungsstufen, als auch prozentual angegeben.

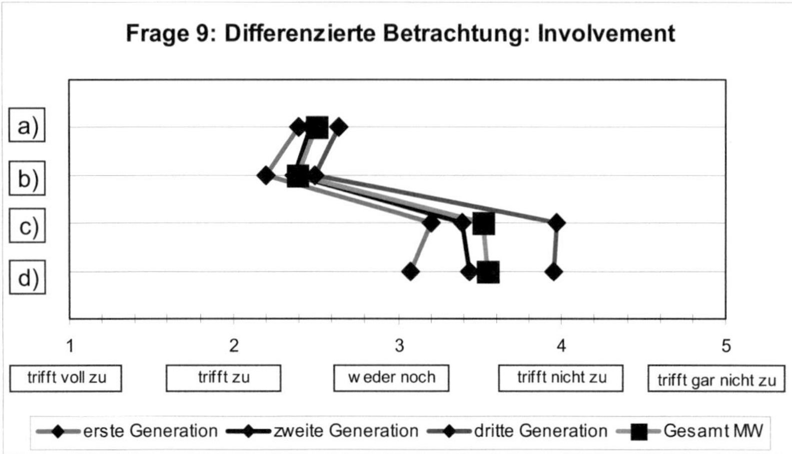

Abbildung 17: Differenzierte Betrachtung Involvement, eigene Darstellung

Dagegen findet aber keine regelmäßige Beschäftigung bzw. Überprüfung statt. Bei beiden Fragen zur monatlichen Beschäftigung tendieren besonders die jüngeren beiden Generationen ins Negative. Aber auch die erste Generation weist nur ein geringes Aktivierungsniveau auf. Da alle Mittelwerte zwischen 2,20 und 3,97 liegen, kann gesagt werden, dass Strom für die Deutschtürken ein Low-Involvement Produkt darstellt. Ferner wird diese Erkenntnis dadurch gestützt, dass lediglich 15,3% in den vergangenen sechs Monaten den Tarif wechselten und nur 10,5% den Anbieter. Ausgehend von der Medienwelle und den Appellen von Politik und Verbraucherschutzzentralen, den Anbieter bzw. Tarif zu wechseln, sind diese Zahlen gering. Des Weiteren ergab auch die Analyse des Involvements mit der Bildung, dass mit höherem Bildungsniveau nicht zwangsweise eine zunehmende gedankliche Auseinandersetzung stattfindet.

Die Betrachtung generationsspezifischer Zufriedenheit ergibt keineswegs eine klare Abstufung von der ersten zur dritten Generationen (siehe Abbildung 18). Vielmehr wird auf den ersten Blick deutlich, dass einzelne Teilfragen von den anderen beiden Jahrgängen durchaus besser bewertet werden als von dem ersten. Aus diesem Grund ist es sinnvoll, die weitere Analyse nicht entsprechend der Fragenreihenfolge (a-f) durchzuführen, sondern nach der Größe der Differenzen.

Die auffälligsten Unterschiede existieren bei der Information über Preise und Tarife, Globalzufriedenheit, der Zufriedenheit mit den Serviceleistungen und der Verständlichkeit der Abrechnung. Die stärkste Skalierungsdifferenz beträgt 0,38 bzw. 7,6% und kann bei der Information des Anbieters über Preise und Tarife festgestellt werden. Hier ist die erste Generation am zufriedensten. Dagegen tendieren die anderen beiden Jahrgänge zur neutralen Mitte (Frage d). Jedoch kann aus Sicht des Autors der Unterschied auf die unterschiedliche gedankliche Auseinandersetzung zurückgeführt werden. So fühlt sich der erste Jahrgang am ehesten informiert, da er sich stärker mit Strom auseinandersetzt. Die zweitgrößte Abweichung ist bei der Globalzufriedenheit zu verzeichnen und beträgt 0,26 Skalierungspunkte bzw. 5,2% (Frage a). Auch hier ist die erste Generation zufriedener als die beiden folgenden. Die Differenzen bei der Zufriedenheit mit den Serviceleistungen und der Verständlichkeit der Abrechnung sind je 0,24 Skalierungsstufen bzw. 4,8% (Fragen c und e). Auffallend ist, dass bei der Verständlichkeit der Rechnung die erste Generation am unzufriedensten ist. Dies kann auf die geringere deutsche Sprachkompetenz und den damit verbundenen Verständnisschwierigkeiten zurückgeführt werden. Bei der Zuverlässigkeit mit der Stromversorgung beträgt der Unterschied zwischen den Generationen nur 0,09 bzw. 1,8% (Frage b). Die kleinste Differenz kann bei der Kundenberatung festgestellt werden. Diese beträgt sogar lediglich 0,08 bzw. 1,6% (Frage f).

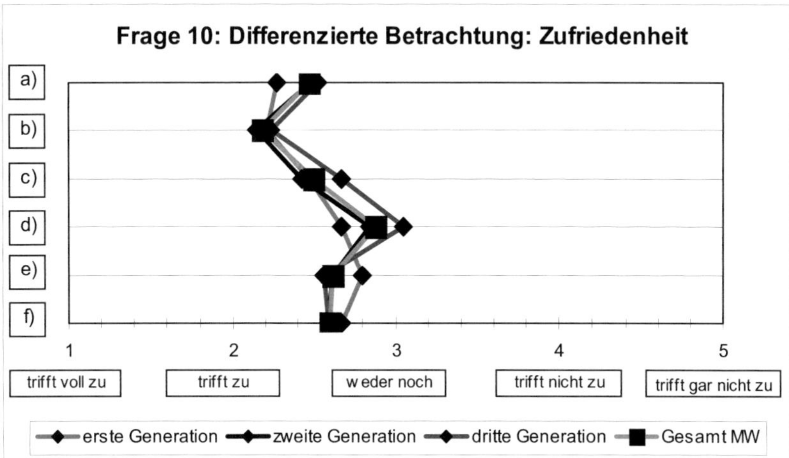

Abbildung 18: Differenzierte Betrachtung der Zufriedenheit, eigene Darstellung

Resümierend lässt sich festhalten, dass sich alle Zufriedenheitswerte zwischen den beiden Skalierungsstufen zwei und drei befinden. Besonders zufrieden sind die Deutschtürken mit der Zuverlässigkeit der Stromversorgung. Allerdings bewegt sich auch die Globalzufriedenheit auf einem soliden Niveau. Nur vereinzelt und bei einzelnen Jahrgängen tendieren die Werte zur Unentschlossenheit. Insgesamt kann aber das Zufriedenheitsniveau als gut aufgefasst werden.

Die Einstellungen, differenziert nach den drei Generationen, sind in Abbildung 19 dargestellt. Alle angegebenen Einstellungswerte bewegen sich zwischen 2,31 und 3,77 Skalierungspunkten und liefern ein ähnliches Bild. Deutliche Ausnahmen bilden der Preis und die Seriosität. Der Preis wird gerade vom ältesten Jahrgang als hoch empfunden. Der Unterschied beläuft sich auf 0,67 Skalierungsstufen bzw. 9,6%. In Bezug auf die Seriosität stuft die dritte Generation die Versorger am positivsten ein. Die Differenz beträgt 0,59 bzw. 8,4%.

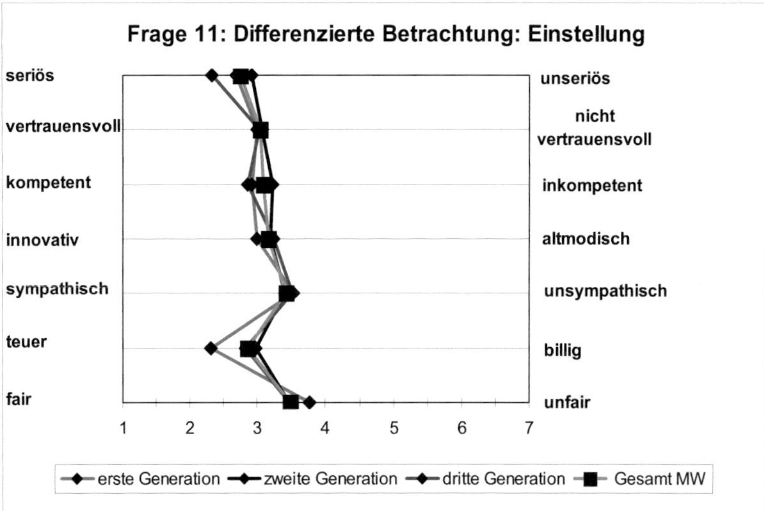

Abbildung 19: Differenzierte Darstellung der Einstellung, eigene Darstellung

Insgesamt lässt sich festhalten, dass die Einstellungswerte mehrheitlich kleiner als 3,5 Punkte sind und damit überwiegend positiv ausfallen. Allerdings lässt sich ebenfalls feststellen, dass die kognitiven Komponenten (kompetent, innovativ und seriös) positiver ausfallen als die emotionalen Aspekte (vertrauensvoll, sympathisch und fair). Jedoch sind gerade diese emotionalen Komponenten für eine erfolgreiche und dauerhafte Kundenbindung notwendig.

Die generationsspezifische Betrachtung einzelner Aspekte in Bezug auf ihre Wichtigkeit kann der Abbildung 20 entnommen werden. Besonders auffällig sind die Unterschiede der einzelnen Jahrgänge beim gesellschaftlichen und sozialen Engagement sowie beim Umweltbewusstsein. Bei allen drei Aspekten ist deutlich zu erkennen, dass diese für die erste Generation wichtiger sind als für die anderen beiden. Am stärksten ist die Differenz beim gesellschaftlichen Engagement ausgeprägt. Die Abweichung beträgt 0,49 Skalierungspunkte bzw. 9,8% (Frage b). Ähnlich, wenn auch nur mit 0,35 Skalierungsdifferenz bzw. 7%, ist der Unterschied beim sozialen Engagement (Frage c). Das Umweltbewusstsein differiert mit 0,23 Skalierungsunterschied bzw. 4,6% (Frage a). Dagegen fallen die Unterschiede beim Service und Preis nochmals geringer aus. Die Differenz beim Service beträgt 0,2 Skalierungsstufen bzw. 4% und ist für die zweite Generation am wichtigsten, gefolgt von der Dritten (Frage d). Noch geringer fällt der Unterschied beim Preis aus. Hier unterscheiden sich die einzelnen Generationen nur um 0,08 Skalierungspunkte bzw. 1,6% (Frage e).

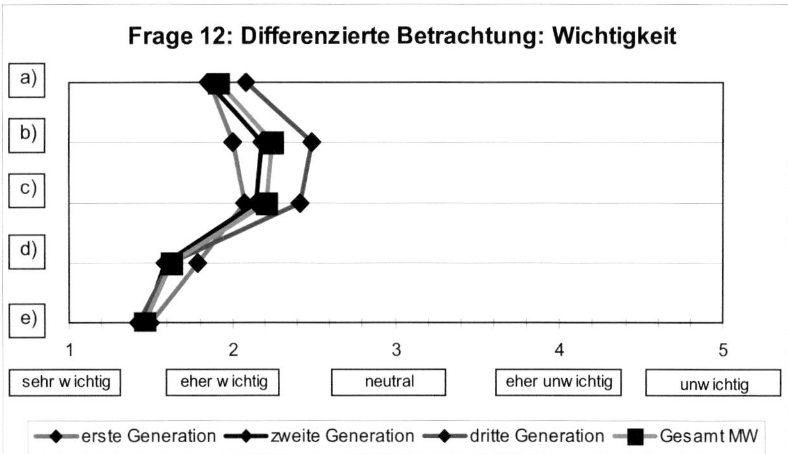

Abbildung 20: Differenzierte Betrachtung der Wichtigkeit, eigene Darstellung

Resümierend kann konstatiert werden, dass alle Werte zwischen 1,42 und 2,49 liegen. Auffallend ist, dass die eher weicheren Faktoren (Umweltbewusstsein, soziales und gesellschaftliches Engagement) für die erste Generation einen höheren Stellenwert besitzen als für die anderen beiden. Umgekehrt verhält es sich bei den tendenziell härteren Faktoren (Service und Preis). Diese sind für die beiden jüngeren Jahrgänge von höherer Bedeutung. Insgesamt lässt sich aber festhalten, dass die härteren Faktoren für alle drei Generationen eine höhere Priorität besitzen als die Weichen.

Die differenzierte Betrachtung des Vertrauens bzw. Commitments ist in Abbildung 21 dargestellt.

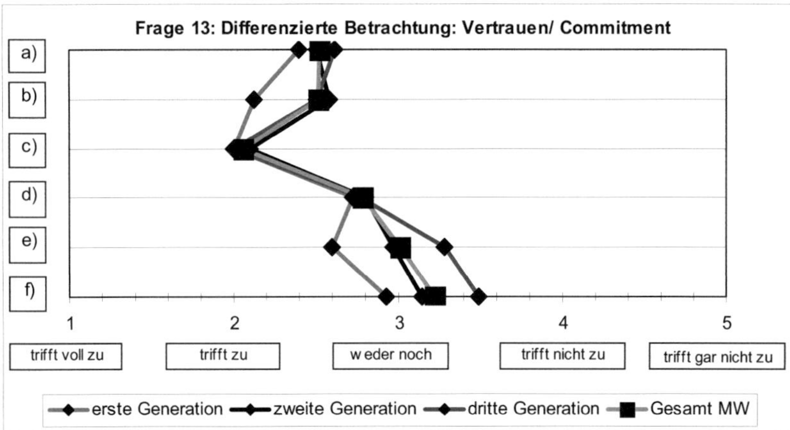

Abbildung 21: Differenzierte Betrachtung Vertrauen/Commitment, eigene Darstellung

Die deutlichsten Differenzen sind bei der Weiterempfehlungsabsicht, die als Dimension des Commitment aufgefasst wird, und der tatsächlichen Weiterempfehlung. Während bei der zukünftigen Empfehlung die Skalierungsdifferenz 0,68 bzw. 13,6% beträgt, differiert die tatsächliche Empfehlung um 0,56 bzw. 11,2% (Fragen e und f). Auffallend, aber nicht ungewöhnlich ist, dass sich bei allen drei Generationen die Absicht stark vom tatsächlichen Verhalten unterscheidet (Trommsdorff, 2003, S. 155 f.). Der größte Unterschied zwischen tatsächlichen und zukünftigen Verhalten ist beim ersten Jahrgang festzustellen. Beim tatsächlichen Empfehlungsverhalten befindet sich das Aktivierungsniveau im neutralen Mittelfeld bzw. tendiert für die zweite und besonders dritte Generation ins Negative. Bei näherer Betrachtung der tatsächlichen Empfehlung kann ermittelt werden, dass lediglich 13,3% des ersten, 10,6% des zweiten und 0% des dritten Jahrgangs „trifft voll zu" angekreuzt haben (siehe Tabelle 12, im Anhang). Ebenfalls auffällig ist der Unterschied bei der Frage, ob der aktuelle Anbieter die Deutschtürken weiterhin mit Strom versorgen wird (Frage b). Diese Frage zielt auf die Zuversicht der Deutschtürken ab, dass ihr Anbieter nicht in Insolvenz geht. Die erste Generation glaubt am ehesten daran, dass ihr Versorger auch in Zukunft am Markt existieren wird. Die Differenz beträgt 0,46 Skalierungspunkte bzw. 9,2%. Der Unterschied beim generellen Vertrauen beträgt 0,22 bzw. 4,4% (Frage a). Bei der detaillierten Zuversicht, d. h., der Anbieter wird noch in 5 Jahren auf dem Markt existieren, differieren die Werte nur um 0,10 Skalierungsstufen bzw. 2% (Frage c). Die geringste Abweichung wird bei der Wechselabsicht, die auch als Wiederkaufabsicht aufgefasst werden kann und damit ebenfalls eine Dimension des Commitment darstellt, festgestellt (Frage d). Hier beträgt die Differenz lediglich 0,07 Skalierungspunkte bzw. 1,4%. Auch an dieser Stelle soll nochmals eine detailliertere Betrachtung erfolgen, d. h., es werden nur diejenigen berücksichtigt, die unter keinen Umständen den Versorger wechseln wollen. Ausgehend davon kann gesagt werden, dass 20% der ersten, 10,5% der zweiten und 2,6% der dritten Generation auf jeden Fall bei ihrem Anbieter bleiben (siehe Tabelle 13, im Anhang).

Es kann konstatiert werden, dass die einzelnen Werte beim Vertrauen und Commitment zwischen 2,00 und 3,49 liegen, wobei das Commitment schwächer ausgeprägt ist. Dies zeigt sich besonders deutlich bei der Wechselabsicht, bei der insgesamt alle drei Generationen zur Unentschlossenheit tendieren. Allerdings gibt es auch Konsumenten, die sich ihrem Stromversorger stark verbunden fühlen. Somit kann festgehalten werden, dass die Deutschtürken ihrem Anbieter schon vertrauen und eine geringe Anzahl sich diesem sogar innerlich verpflichtet fühlt. Allerdings sind Vertrauen und vor allem das Commitment nicht so stark ausgeprägt ist, um sie auf lange Sicht an das Unternehmen zu binden. Statt einer emotionalen Beziehung zwischen Konsumenten und Unternehmen scheint sich die Mehrzahl der Deutschtürken in einer abwartenden Position zu befinden. Dies lässt vermuten, dass, sobald ein Stromunternehmen besser auf die Wünsche und Bedürfnisse der Deutschtürken eingeht, diese wechseln.

Die differenzierte Betrachtung der Kommunikation bzw. Verbundenheit kann der Abbildung 22 entnommen werden. Die größte und auffälligste Abweichung ist, inwieweit die Ansprache in der Muttersprache[22] der Wechselabsicht entgegenwirkt (Frage d). Die Graphik zeigt eindeutig, dass alle drei Jahrgänge zur Unentschlossenheit tendieren. Besonders auffällig ist die Neigung der dritten Generation. Die starke Differenz von 0,94 Skalierungsstufen bzw. 18,8% dürfte auf die besseren deutschen Sprachkenntnisse der letzten beiden Jahrgänge zurückzuführen sein.

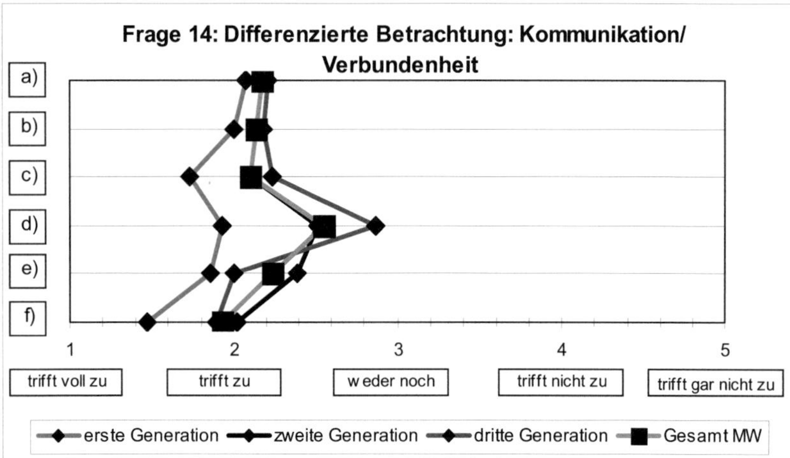

Abbildung 22: Differenzierte Betrachtung der Kommunikation und Verbundenheit, eigene Darstellung

Ebenfalls auffällig ist die Abweichung zwischen den Generationen bei der Verbundenheit zu Berlin (Frage f). Erstaunlich ist, dass sich gerade der älteste Jahrgang am stärksten zur Hauptstadt hingezogen fühlt. Eine wesentliche Ursache sieht der Verfasser darin, dass circa 94% der ersten Generation bereits seit mehr als 20 Jahren in Deutschland leben (siehe Tabelle 15, im

[22]Bei der nachträglichen Betrachtung erwies sich die Frage als etwas unpräzise, da nicht eindeutig war, was die Deutschtürken, die in Deutschland geboren wurden, als ihre Muttersprache ansehen. Aus diesem Grund wurden die gewählte Sprache des Fragebogens, der Geburtsort und das Alter herangezogen, um zu überprüfen, ob die Probanden unter Muttersprache die türkische Sprache verstanden haben. Da ein Anteil der in Deutschland geborenen Probanden der zweiten und dritten Generation den Fragebogen auf Türkisch ausfüllte, kann davon ausgegangen werden, dass sie aufgrund des geringen deutschen Sprachniveaus der Elterngeneration im Kindesalter zuerst die türkische Sprache lernten und diese als ihre Muttersprache empfinden.

Anhang). Dagegen weist die zweite Generation die geringste Verbundenheit auf. Der Unterschied beträgt 0,55 Skalierungspunkte bzw. 11%. Ähnliches kann auch bei der Verbundenheit zur Türkei festgestellt werden (Frage e). Diese ist auch beim ersten Jahrgang am stärksten ausgeprägt. Überraschenderweise bildet auch bei der Türkeiverbundenheit die zweite Generation das Schlusslicht. Diese geringe Identifikation mit der Türkei und Berlin kann als Indiz für die in Kapitel 3.1 erläuterte innere Zerrissenheit der mittleren Generation aufgefasst werden. Gleichzeitig fühlt sich der jüngste Jahrgang noch immer mit der Türkei verbunden. Die Frage, ob die Deutschtürken es begrüßen würden, mit den Mitarbeitern des Versorgers auf Türkisch zu kommunizieren, stößt besonders bei der ersten Generation auf ein positives Echo (Frage c). Die Differenz beträgt 0,51 Skalierungsstufen bzw. 10,2%. Die geringsten Abweichungen sind bei den türkischen Informationsmaterialien und der generellen türkischen Werbung festzustellen (Fragen b und a). Bei den Materialien beträgt der Unterschied 0,18 Skalierungsstufen bzw. 3,6% und bei den türkischen Werbemaßnahmen sogar nur 0,14 bzw. 2,8%.

Resümierend lässt sich festhalten, dass alle Werte zwischen 1,47 und 2,87 liegen. Positiv fallen sämtliche Maßnahmen zur türkischen Kommunikation und die Verbundenheit zur Türkei und Berlin aus. Dabei begrüßt besonders die erste Generation jegliche türkische Kommunikationsmaßnahmen. Aber auch der zweite und dritte Jahrgang befürworten die türkische Sprache. Lediglich die dritte Generation tendiert bei den türkischen Materialien und der Möglichkeit, mit ihrem Anbieter auf Türkisch zu sprechen, leicht zur Unentschlossenheit. Diese Entwicklung lässt sich dadurch erklären, dass sie eine sehr gute deutsche Sprachkompetenz besitzen, die z. T. besser ausgeprägt ist als die türkische. Jedoch zeigt die Studie ebenfalls, dass die türkische Kommunikation für sich kein Grund ist, beim Anbieter zu bleiben.

Nachdem nun die Mittelwertsunterschiede erklärt wurden stellt sich die Frage, ob die dargestellten Ergebnisse auch in der Grundgesamtheit zutreffen. Um dies zu ermitteln, wurde eine Varianzanalyse durchgeführt (siehe Tabelle 17 im Anhang). Als Ergebnis kam heraus, dass lediglich bei den Fragen 9 c und d nach der monatlichen Information nach Tarifen der Wettbewerber als auch des eigenen Stromversorgers sowie bei Frage 14 d, inwieweit eine Ansprache auf Türkisch die Wechselabsicht verringert, ein signifikantes Ergebnis vorliegt. Um im Folgenden herauszufinden, welche Generationen sich voneinander unterscheiden, wurde ein Scheffé-Test durchgeführt. Dieser ergibt für die Frage 9 c und d kein signifikantes Ergebnis (siehe Tabelle 18 und 19 im Anhang). Das bedeutet, dass zwar Unterschiede zwischen allen drei Generationen existieren, aber nicht eindeutig gesagt werden kann, welche Jahrgänge sich inwieweit voneinander unterscheiden. Der Test für die Frage 14 d ergab einen signifikanten Unterschied zwischen erster und dritter Generation (siehe Tabelle 20 im Anhang).

Abschließend kann zum gesamten fünften Kapitel gesagt werden, dass von allen drei Determinanten der Verbundenheit die Zufriedenheit am positivsten ausgeprägt ist, gefolgt von Vertrauen und Commitment. Ausgehend von diesen Erkenntnissen, wird deutlich, dass es Handlungsbedarf hinsichtlich des Commitments gibt. Allerdings ist es generell unwahrscheinlich, dass sich das Gros der Konsumenten seinem Anbieter innerlich verpflichtet fühlt (Glusac, 2005, S. 45). Darüber hinaus erscheint es für den Autor der vorliegenden Diplomarbeit besonders im Strommarkt schwierig, Commitment aufzubauen, da Strom und Versorgungsbeziehung sich der gedanklichen Kontrolle des Verbrauchers entziehen. Aus diesem Grund ist es aus Sicht des Verfassers sinnvoller, sich bei den Handlungsempfehlungen auf die Bildung von Vertrauen zu konzentrieren. Da es einerseits eine wesentliche Voraussetzung für Commitment ist und andererseits innerhalb der deutschtürkischen Community eine hohe Bedeutung besitzt. Dabei wird besonders der emotionale Aspekte des Vertrauens berücksichtigt, der für die Bildung einer dauerhaften freiwilligen Bindung nötig ist. Somit stützen sich die Empfehlungen im Folgenden Kaptitel auf die Bildung von Vertrauen unter der Berücksichtigung der Besonderheiten der Deutschtürken, die als Antwort für die dritte Forschungsfrage gelten.

6 Handlungsempfehlungen zur Gestaltung des Marketing Mix im Strommarkt

6.1 Angebotspolitik

Dass Produkt Strom lässt sich streng genommen überhaupt nicht differenzieren, da es über das Leitungsnetz zum Verbraucher gelangt. Einzig die Differenzierung der Stromerzeugungsart, also der Energieträger (Kohle, Gas, Wind, Wasser, Sonne etc.) gilt heutzutage als Möglichkeit zur Unterscheidung. So können die Verbraucher Strom beziehen, der ausschließlich aus regenerativen Energieträgern (Wind, Sonne, Wasser etc.) erzeugt wird. Allerdings kann kein Stromversorger – aus rein technischen Gründen – garantieren, dass der Strom, der aus der Steckdose des Verbrauchers kommt, ausschließlich aus erneuerbaren Energien besteht. Vielmehr vertraut der Kunde auf die Aussage, dass der Versorger die gelieferte Jahresverbrauchsmenge aus regenerativen Energien ins Netz einspeist (gruene, 2007, online). Obwohl diese eingespeiste Menge für den Konsumenten nur schwer bis gar nicht nachzuvollziehen ist, werden die regenerativen Energien von vielen Verbrauchern präferiert. Auch in der eigenen empirischen Studie ist das Umweltengagement des Versorgers für 71% der Deutschtürken sehr wichtig bzw. wichtig. Aus diesem Grund sollte den Deutschtürken stärker Strom aus erneuerbaren Energien angeboten werden. Jedoch ist letztlich für die Entscheidung, ob der Konsument Ökostrom bezieht oder nicht, sein Umweltbewusstsein entscheidend. Die Nationalität oder die kulturellen Wurzeln des Konsumenten spielen dabei keine Rolle. Somit kann abschließend gesagt werden, dass Strom sich ethnisch überhaupt nicht differenzieren lässt und die Präferenz der Erzeugungsart eher vom Umweltbewusstsein als von der Ethnie abhängt.

Auch preislich lässt sich Strom ethnisch nicht unterscheiden. Wie oben bereits geschildert, gelang es erst mit der Unterscheidung der Erzeugungsart, eine Differenzierung durchzusetzen, die sich auch im Preis widerspiegelte und vom Markt akzeptiert wurde. So ist der Ökostrom oftmals teurer als konventioneller Strom. Eine separate Preisstrategie für Deutschtürken hält der Verfasser der vorliegenden Arbeit dagegen für indiskutabel, da sie nicht nachvollziehbar wäre und mehr Schaden als Nutzen anrichten würde. Allerdings zeigt die vorliegende Studie, dass der Preis für 90% der Deutschtürken relevant ist. Deshalb ist es empfehlenswert die Preisstrategie kommunikativ „zu begleiten". Da dies aus Sicht des Verfassers Aufgabe der Kommunikationspolitik ist, wird dieser Ansatz später nochmals aufgegriffen.

6.2 Distributionspolitik

Im Rahmen der Distributionspolitik geht es einerseits um die akquisitorische und andererseits um die physische Distribution. Während Erstere sich mit den Absatzwegen und dem –management beschäftigt, geht es bei Letzterem um den „körperlichen" Güterverkehr der Leistung. Dabei wurde zum Stromtransport bereits gesagt, dass dieser immer über das Leitungsnetz erfolgt, weswegen lediglich die Absatzwege von Relevanz sind. Der Absatz von Strom kann auf direktem Absatzweg erfolgen, d. h., das Unternehmen vertreibt seine Produkte in Eigenregie, oder auf indirektem Weg, d. h., Groß- und Einzelhändler werden mit dem Stromvertrieb beauftragt (Kreutzer, 2006, S. 199 ff.). Die Stromversorger vertreiben ihre Produkte sowohl indirekt (z. B. Lichtblick über die Filialen der Deutschen Post bzw. Postbank) als auch direkt (über Internet und Call- bzw. Service-Center). Dabei hat sich besonders, dass Call- bzw. Service-Center innerhalb der Energiebranche durchgesetzt (Tesch et al., 2000, S. 187). Solch ein Center gibt dem Kunden die Möglichkeit, sein Anliegen über verschiedene Kommunikationskanäle (z. B. Telefon, E-Mail, Fax, Brief etc.) mitzuteilen. Laut dem Kommunikationsberater Bülent Bayraktar ist das Call-Center sogar unverzichtbar, wenn es um die zielgerechte Ansprache von Deutschtürken geht (Gohr, 2005, S. 52). Auch in der vom Autor durchgeführten Studie wurde festgestellt, dass fast 28% den Anbieter telefonisch kontaktieren. Ferner wurde ermittelt, dass 71% mit den Mitarbeitern auf Türkisch sprechen möchten, wobei innerhalb der Stichprobe besonders die erste Generation die Möglichkeit begrüßt. Somit wird deutlich, dass die türkische Sprache heutzutage noch für alle Generationen von Bedeutung ist. Da über zwei Drittel mit den Mitarbeitern auf Türkisch kommunizieren wollen, ist es neben der türkischen Sprachkompetenz auch wichtig, dass die Mitarbeiter türkische Wurzeln besitzen. Nur dadurch ist sichergestellt, dass die Call-Agents besser auf die sprachlichen, moralischen und ästhetischen Befindlichkeiten der deutschtürkischen Konsumenten eingehen (Gohr, 2005, S. 52). Des Weiteren wird die türkische Sprache von den Deutschtürken, ganz gleich, wie gut deren deutsche Sprachkenntnisse sind, immer als eine besondere Wertschätzung empfunden, die zu Akzeptanz und Sympathie führt und sich letztlich positiv auf das Vertrauen auswirkt (Cinar, 2003, S. 28).

6.3 Kommunikationspolitik

Die Kommunikationspolitik beinhaltet sämtliche Maßnahmen, die eingesetzt werden, um die Ziele eines Unternehmens zu erreichen (Kreutzer, 2006, S. 223). Dabei handelt es sich nicht nur um absatzpolitische Ziele, sondern auch um die Beeinflussung und Steuerung von Meinungen, Einstellungen und Erwartungen (Bruhn, 2005, S. 2). Die vorherigen Kapitel haben gezeigt, dass es hinsichtlich des Vertrauens Handlungsbedarf gibt. Deshalb stellt sich vorrangig die Frage, wie Vertrauen erzeugt und ausgebaut werden kann. Als vertrauensfördernde Maßnahme kann das bereits dargestellte Meinungsführerkonzept genannt werden (Tomczak/Dittrich, 1997, S. 33). Testimonials bieten in der heutigen Gesellschaft eine gewisse Orientierung und können, sofern sie innerhalb der Zielgruppe positiv besetzt sind, Kaufentscheidungen beeinflussen (Knoeppffler, 2005, S. 149 ff.).Bereits heutzutage setzen viele Unternehmen Stars (z. B. Nutella und Boris Becker oder O_2 und Franz Beckenbauer) und entsprechende Experten (Zahnärzte bei Mundhygienewerbung) ein. Allerdings können auch normale Verbraucher als Testimonial genutzt werden, wobei diese sich besonders bei Produkten des täglichen Bedarfs eignen (Kloss, 2007, S. 213). Ob nun Experten, normale Bürger oder Stars verwendet werden, ist Sache des jeweiligen Unternehmens und des Marktes. So werden Experten als Testimonials im Strommarkt eher weniger geeignet sein, da nicht eindeutig ist, was einen solchen überhaupt ausmacht. Dagegen kommt die Verwendung von Alltagstestimonials bzw. Stars schon eher infrage. Letzteres nutzte auch Yello Strom. Das Unternehmen gewann den deutschen Entertainer Ingolf Lück und den Prominenten Franz Beckenbauer (Willenbrock, 2005, online). Auch Eon setzte bei seinen Kampagnen auf Prominente wie Götz George, Veronica Ferres und Arnold Schwarzenegger (o.V., 2003, online).

Auch innerhalb der deutschtürkischen Community wurden bereits Testimonials erfolgreich verwendet. Die bereits in Kapitel 3.2.2 vorgestellte Kampagne von o.telo nutzte das vertrauenswürdige Gentelmann-Image des Schauspielers Sükran Güngor (Kraus-Weysser/Ugurdemir-Brincks, 2002, S. 212). Allerdings muss nicht zwangsweise ein türkisches Testimonial verwendet werden. Die T-Com nutzte für ihre deutschtürkische Kampagne den deutschen Entertainer Günther Jauch und die Comicfigur Pink Panther, die beide innerhalb der Zielgruppe als sympathisch gelten. Somit wird deutlich, dass nicht die Nationalität entscheidend ist, sondern das positive Image. Das computeranimierte Testimonial Robert von T-Online hätte aufgrund seiner eher kühlen und rationalen Art bei den Deutschtürken nicht funktioniert (Gohr, 2005, S. 49 ff.).

Des Weiteren eignen sich Testimonials besonders gut für die Ansprache der deutsch-türkischen Zielgruppe, da sie einerseits die für die Deutschtürken wichtige persönliche Empfehlung berücksichtigen und sich andererseits mit den emotionalen Aspekten (türkische Sprache, Bildsprache, Türkeiverbundenheit und Familie) verbinden lassen. So nutzten auch die beiden Kampagnen (o.telo und T-Com) die türkische Kommunikation. Auch in der eigenen Studie wurde festgestellt, dass die Deutschtürken eine Ansprache auf Türkisch befürworten. Allerdings zeigt sie auch, dass die türkische Kommunikation nicht die Wechselabsicht verringert. Jedoch darf dies nicht als Beleg dafür gewertet werden, dass auf die türkische Kommunikation verzichtet werden kann bzw. sie keinen Beitrag zur Kundenbindung leistet. Vielmehr kann sie als Beweis aufgefasst werden, dass die Ansprache in der Muttersprache allein nicht ausreicht, um die Deutschtürken zu binden. Ergänzend müssen die Versorger auch andere Bedürfnisse der Zielgruppe erfüllen. Dazu zählen z. B. der Preis, der für 90% der Deutschtürken bedeutsam ist, und der Service, der für 85% wichtig ist. Gleichzeitig ermittelte die empirische Untersuchung, dass mehr als zwei Drittel Interesse an türkischen Informationsmaterialien, Broschüren, Rechnungen etc. haben. Demnach können die Anbieter Informationsmaterialien auf Türkisch produzieren, in denen erklärt wird, wie der Strompreis zu Stande kommt und welche Serviceangebote zur Verfügung stehen. Sofern die Preise nachvollziehbar und transparent dargestellt werden, würde sich dies auch positiv auf das Vertrauen auswirken. Da sich auch die Bildsprache unterscheidet, müssen die Unternehmen darauf achten, dass die gewählten Bilder nicht die ästhetischen, moralischen und schon gar nicht die religiösen Befindlichkeiten negativ berühren. Gerade bei Letzteren ist besondere Sorgfalt erforderlich. Auch wenn zwischen dem Produkt Strom und der Religion kein direkter Zusammenhang besteht, können aber die religiösen Befindlichkeiten der Zielgruppe durch die Bildsprache verletzt werden. Aus diesem Grund sollte im Zweifelsfall auf den Einsatz „kritischer" Bilder verzichtet werden. Unabhängig von den religiösen Befindlichkeiten, sind negativ besetzte Bilder auch immer ein Indiz dafür, dass die Zielgruppe nicht wirklich verstanden bzw. ernst genommen wird, und wirken damit dem Vertrauen und letztlich einer langfristigen Kundenbeziehung entgegen.

Neben einer zielgruppengerechten Ansprache appellieren auch die beiden Kampagnen von T-Com und o.telo an die Türkeiverbundenheit. Auch in der eigenen Studie war deutlich erkennbar, dass die Deutschtürken sich noch immer mit der Türkei verbunden fühlen. Allerdings zeigt die Untersuchung ebenfalls, dass eine noch stärkere Verbundenheit zur Hauptstadt besteht. Aus diesem Grund kann auch Berlin in eine Testimonialkampagne integriert werden. Darüber hinaus könnten die Stromversorger auch Ökostrom anbieten, der in Berlin oder in der Türkei erzeugt wurde. Dies kann noch dahingehend kommunikativ verstärkt werden, dass Ökostrom dem Klimawandel entgegenwirkt und sich damit positiv auf die Hauptstadt und/oder die Türkei auswirkt. Somit gelingt es einerseits, das Umweltengagement hervorzuheben und gleichzeitig die Verbundenheit zu betonen. Des Weiteren lässt sich auch die Familie, bspw. mit Berlin oder Türkeibezug, in eine solche Kampagne integrieren. Es wird also an dieser Stelle deutlich, dass sich eine Testimonialkampagne auf unterschiedliche Weise mit der Lebenswelt der Berliner Deutschtürken integrieren lässt und mit den emotionalen Aspekten in vielfacher Weise verbunden werden kann.

Neben den unterschiedlichen Verknüpfungen kommt auch den einzusetzenden Medien eine enorme Rolle zu, denn um keine negativen Effekte zu erzielen, muss das Produkt-Involvement berücksichtigt werden. Wie bereits erwähnt, handelt es sich beim Strom um ein Low-Involvement Produkt, d. h., der Konsument setzt sich, wenn überhaupt nur geringfügig kognitiv auseinander. Dies hat Konsequenzen für die Medienwahl und –gestaltung. So beachtet ein low-involvierter Konsument kaum die Kommunikationsbotschaft des Unternehmens. Häufig werden Informationen und Nutzenversprechen überhaupt nicht wahrgenommen. Stattdessen wird viel stärker auf die bildbetonte und emotionale Gestaltung geachtet. Die Einstellung des Konsumenten zum Produkt wird damit wesentlich von den am Rande liegenden (bspw. Testimonial) und eher gefühlsmäßigen Eindrücken vom zugehörigen Kommunikationsmittel gesteuert (Bruhn, 2005, S. 451).

Da die Ich-Beteiligung der Konsumenten im Strommarkt gering ist, sollten auch Medien genutzt werden, die diese geringe kognitive Auseinandersetzung fördern. Denn wie bereits gezeigt, reicht bei low-involvierten Kunden die Basiszufriedenheit aus, also die permanente Versorgung mit Strom, um die hohen Zufriedenheitswerte zu erreichen. Somit sollten die Anbieter überhaupt kein Interesse daran besitzen, die gedankliche Auseinandersetzung mit Strom zu erhöhen. Im Gegenteil, jegliche Maßnahmen die das Involvement erhöhen, z. B. Kundenclub, -zeitschrift, -karte, könnten sich sogar kontraproduktiv auswirken (Bakay, 2003, S. 193). Aus diesem Grund sollte der Unternehmensfokus nicht allein auf die kommunikative Unterstützung von Preis und Service liegen, sondern mehrheitlich auf der Testimonialkampagne und den emotionalen Aspekten. Damit diese geringe gedankliche Steuerung beibehalten wird, müssen geeignete Medien genutzt werden. Besonders geeignet sind die elektronischen Medien (Fernseh- und Rundfunk) sowie das Printmedium Plakat (Trommsdorff, 2003, S. 60). Diese bildbetonten Kommunikationsmittel erhöhen nicht das Involvement und fördern die emotionale Ansprache. (Bruhn, 2005, S. 452). Gerade an der Fernsehwerbung werden die Unternehmen nicht vorbeikommen. Wie bereits erwähnt läuft der Fernseher in deutsch-türkischen Haushalten länger als in Deutschen, und zugleich empfinden die Deutschtürken die Fernsehreklame nicht als lästig, sondern informativ. Die wenigen türkischsprachigen TV-Sender führen im Vergleich zu den deutschen Kanälen zu geringeren Streuverlusten sowie Kosten. Ebenso verhält es sich mit der Rundfunkwerbung. Diese wird von der Mehrheit der Deutschtürken als nützlich bzw. informativ angesehen (MetropolFM, o. J., S. 11). Daneben eignet sich auch das Plakat, um die Deutschtürken emotional anzusprechen, wobei auf die bereits angeführte Bildsprache Rücksicht genommen werden muss. Ein besonderer Vorteil ist, dass es äußerst zielführend platziert werden kann, da das Gros der Deutschtürken in bestimmten Gebieten Berlins lebt (z. B. Mitte, Neukölln, Friedrichshain-Kreuzberg) (siehe Tabelle 16 im Anhang).

Resümierend kann zum Kapitel Handlungsempfehlungen gesagt werden, dass sich die Gestaltung des Marketing Mix lediglich auf die Distributions- und Kommunikationspolitik bezieht, wobei Letztere den Schwerpunkt bildet (sieh Abbildung 23).

Vertrauen			
Kommunikation		**Distribution**	
Testimonial: positiv besetzt, glaubwürdig			
Emotionale Aspekte	**geeignete Medien**	**Emotionaler Aspekt**	**Distributionskanal**
türkische Sprache	Fernsehen	türkische Sprache	Call-Center
Bildsprache	Rundfunk		
Türkeiverbundenheit	Plakat		
Berlinverbundenheit			
Familie			

Abbildung 23: Handlungsempfehlungen im Überblick, eigene Darstellung

Hinsichtlich der Distributionspolitik sollten die Call-Center mit türkischen Mitarbeitern besetzt werden, da diese nicht nur Türkisch sprechen, sondern auch auf die Zielgruppe eingehen können. Gleichzeitig wirkt sich die emotional besetzte türkische Sprache positiv auf das Vertrauen aus. In Bezug auf die Kommunikationspolitik sollten Testimonial eingesetzt werden. Wichtig ist dabei, dass das eingesetzte Testimonial innerhalb der deutschtürkischen Community positiv besetzt ist. Sofern dies gewährleistet ist, wird die Kampagne dazu beitragen, Vertrauen aufzubauen. Darüber hinaus kann die Testimonialkampagne mit den innerhalb der Zielgruppe wirksamen emotionalen Aspekten: türkische Sprache, Bildsprache, Türkei bzw. Berlinverbundenheit und Familie verbunden werden.

7 Schlussbemerkung und Ausblick

In der vorliegenden Diplomarbeit wurde die Kundenbindung einer ethnischen Zielgruppe am Beispiel des Berliner Strommarktes betrachtet. Zu Beginn der Arbeit wurden die Grundlagen der Kundenbindung dargestellt. Dabei stellte sich heraus, dass für die Deutschtürken nur die Verbundenheit mit ihren Determinanten: Zufriedenheit, Vertrauen und Commitment infrage kommt. Anschließend wurden die einzelnen Einflussgrößen diskutiert. Das Resultat war, dass bei allen drei Determinanten die Einstellung bzw. deren emotionale Komponente, also letztlich die Emotionen, für eine langfristige Bindung verantwortlich sind. Diese Erkenntnis hatte zur Folge, dass die Kundenbindung auf die psychischen Variablen: Emotionen, Motivationen und Einstellungen zurückgeführt wurde. Diese drei zum Konsumentenverhalten gehörenden Faktoren wurden um weitere intra- und interpersonale Variablen ergänzt. Gleichzeitig wurde bei allen behandelten Faktoren auf die Deutschtürken eingegangen, um deren Besonderheiten zu identifizieren. Als Ergebnis stellte sich heraus, dass die Deutschtürken besonderen Wert auf das Vertrauen zum Unternehmen legen und stärker emotional reagieren. Hieran schloss sich das Kapitel zum Strommarkt an, um die Charakteristika zu identifizieren. Das Resultat war, dass Strom einerseits ein Low-Involvement Produkt darstellt, aber andererseits auch die Verbundenheit und somit emotionale Aspekte im Strommarkt existieren. Daran schloss sich die eigene Studie des Verfassers an, da er bei seinen Recherchen keine öffentlichen Studien über Deutschtürken im Strommarkt fand. Als Ergebnis ergab sich, dass Strom auch für die Berliner Deutschtürken ein Low-Involvement Produkt darstellt, die Zufriedenheit auf einem guten Niveau liegt, aber Vertrauen und Commitment geringer ausgeprägt sind. Diese Erkenntnisse hatten zur Folge, dass sich in den Handlungsempfehlungen dem Aufbau von Vertrauen zugewandt wurde. Gleichzeitig wurden die emotional besetzen Aspekte (türkische Sprache, Bildsprache und die Türkeiverbundenheit) und die geringe kognitive Auseinandersetzung mit dem Produkt bei der Formulierung der Empfehlungen berücksichtigt. Insgesamt hat die Arbeit gezeigt, dass die Deutschtürken eine sehr interessante und für den Strommarkt lohnenswerte Zielgruppe darstellen. Im Grunde können sie „relativ einfach" dauerhaft von einem Stromanbieter gebunden werden. Anders als in anderen Branchen, in denen aufwändige Produktanpassungen erforderlich sind, müssen die Stromversorger lediglich Kommunikation und Vertrieb auf deren Bedürfnisse ausrichten und kontinuierlich überprüfen. Sofern dies den Stromversorgern gelingt, werden sie von den Deutschtürken profitieren.

Zukünftig wird die Bedeutung der Deutschtürken noch zunehmen. Denn die Bevölkerungsentwicklung Deutschlands zeigt deutlich, dass sich die Relation von Deutschen und Deutschtürken zu Gunsten der ethnischen Minderheit verschieben wird. (Cinar, 2003, S. 29) Gleichzeitig wird auch der Stromverbrauch aufgrund noch effizienterer Geräte weiter sinken. Dies unterstreicht nochmals die Bedeutung der Zielgruppe. Die empirische Studie hat auch gezeigt, dass sich die Deutschtürken in einem „Ruhezustand“ befinden. Sobald ein Versorger auf ihre Mentalität und Wünsche bzw. Bedürfnisse eingeht, werden sie es diesem mit langfristigem Strombezug „danken“. So hofft der Autor der vorliegenden Arbeit, dass die Versorger ihre Chance ergreifen, und Strom in naher Zukunft nicht nur „gelb“, „sauber“, oder „lekker“ ist, sondern „sari“, „nezih“, oder „lezzetli“ sein wird.

8 Literaturverzeichnis

Literaturquellen:

Aygün, Tanju: Deutschtürkisches Konsumentenverhalten, Eine empirische Untersuchung zur Einkaufsstättenwahl im Lebensmitteleinzelhandel, Köln, 2006

Bagusat, Ariane: Kundenbidungsstrategien für Business-to-Consumer-Märkte, Theoretische Entwicklung und empirische Überprüfung eines methodischen Ansatzes, Wiesbaden, März 2006

Bakay, Zoltán: Kundenbindung von Haushaltsstromkunden, Ermittlung zentraler Determinanten, München, April 2003

Becker, Jochen: Marketingkonzeption, Grundlagen des zielstrategischen und operativen Marketingmanagements, 8. Auflage, München, 2006

Berekoven, Ludwig, Werner, Eckert u. Ellenrieder, Peter: Marktforschung, Methodische Grundlagen und praktische Anwendung, 11. überarbeitete Auflage, Wiesbaden, 2006

Berheide, Thomas u. Wunderlich, Maren: Der Erfolgsfaktor CRm am Beispiel der ASP-Branche, in: Ahlert Dieter, Evanschitzky, Heiner und Hesse Josef (Hrsg.), Exzellenz in Dienstleistung und Vertrieb, Konzeptionelle Grundlagen und empirische Ergebnisse, Wiesbaden, 2002

Bliemel, Friedhelm u. Fassott, Georg: Electronic Commerce und Kundenbindung in: Bliemel, Friedhelm, Fossott, Georg und Theobald, Axel (Hrsg.), Electronic Commerce, Herausforderungen, Anwendungen, Perspektiven, 3. überarbeitete und erweiterte Auflage, Wiesbaden, September 2000

Braunstein, Christine: Einstellungsforschung und Kundenbindung, Zur Erklärung des Treueverhaltens von Konsumenten, 1. Aufl., Wiesbaden, 2001

Brühl, Achim: SPSS 14, Einführung in die moderne Datenanalyse, 10. überarbeitete und erweiterte Auflage, München, 2006

Bruhn, Manfred: Kommunikationspolitik, Systematischer Einsatz der Kommunikation für Unternehmen, 3. überarbeitete Auflage, München, 2005

Dittrich, Sabine: Kundenbindung als Kernaufgabe im Markting, Kundenpotentiale langfristig ausschöpfen, St. Gallen, 2000

Glusac, Nikola: Der Einfluss von Bonusprogrammen auf das Kaufverhalten und die Kundenbindung von Konsumenten, Eine theoretische und empirische Analyse, Wiesbaden, Dezember, 2005

Henseler, Jörg (2006a): Das Wechselverhalten von Konsumenten im Strommarkt, Eine empirische Untersuchung direkter und moderiender Effekte, 1. Auflage, Wiesbaden, Novmeber 2006

Homburg, Christian u. Bruhn, Manfred: Kundenbindungsmanagement- Eine Einführung in die theoretischen und praktischen Problemstellungen, in: Homburg, Christian und Bruhn, Manfred (Hrsg.), Handbuch Kundenbindungsmanagement, Strategien und Instrumente für ein erfolgreiches CRM, 5. überarbeitete und erweiterte Auflage, Wiesbaden, März 2005

Homburg, Christian, Becker, Annette und Hetschel, Fredericke: Der Zusammenhang zwischen Kundenzufriedenheit und Kundenbindung, in: Homburg, Christian und Bruhn, Manfred (Hrsg.), Handbuch Kundenbindungsmanagement, Strategien und Instrumente für ein erfolgreiches CRM, 5. überarbeitete und erweiterte Auflage, Wiesbaden, März 2005

Kielmann, Stephanie: Problematische Zielgruppen und ihre Betrachtung durch Markenartikel, Gay- und Ethnomarketing, in: Schneck, Ottmar (Hrsg.) IEWS-Schriftenreihe (Institut für europäische Wirtschaftsstudien an der European School of Business), Band 20, o.O., 2004

Kirchgeorg, Manfred u. Lorbeer, Alexander: Bedeutung von Vertrauen für Kundenbeziehungen bei E-Health- Anbietern, in: Bauer, Hans H., Neumann, Marcus M. u. Schüle Anja (Hrsg.), Konsumentenvertrauen, Konzepte und Anwendungen für ein nachhaltiges Kudenbindungsmanagement, München, 2006

Klee, Alexander, Wiedmann, Klaus-Peter u. Yildiz, Ferah: Ethno-Marketing für Kreditinstitute, Deutscher Sparkassenverlag (Hrsg.), Stuttgart, 2003

Kloss, Ingomar: Werbung, Handbuch für Studium und Praxis, 4. überarbeitete Auflage, München, 2007

Knoepffler, Christine: Talk of the town, Über die Entscheidung eines Unternehmens Prominente in der Kommunikation einzusetzen, zitiert nach: Mast, Claudia, Huck, Simone u. Güller, Karoline, Kundenkommunikation, Stuttgart 2005

Kraus-Weysser, Folker u. Ugurdemir-Brincks, Natalie B.: Ethno-Marketing, türkische Zielgruppen verstehen und gewinnen,München, 2002

Kreutzer, Ralf T.: Praxisorientiertes Marketing, Grundlagen- Instrumente- Fallbeispiel, Wiesbaden, 2006

Kroeber-Riel, Werner u. Weinberg, Peter: Konsumentenverhalten, 8. aktualisierte und ergänzte Auflage, München, 2003

Kuß, Alfred u. Tomczak, Torsten: Käuferverhalten, Eine marketingorientierte Einführung, 3. überarbeitete Auflage,Stuttgart, 2004

Lorbeer, Alexander: Vertrauensbildung in Kundenbeziehungen, Ansatzpunkte zum Kundenbindungsmanagement, Wiesbaden, 2003

Meffert, Heribert: Kundenbindung als Element moderner Wettbewerbsstrategien, in: Homburg, Christian und Bruhn, Manfred (Hrsg.), Handbuch Kundenbindungsmanagement, Strategien und Instrumente für ein erfolgreiches CRM, 5. überarbeitete und erweiterte Auflage, Wiesbaden, März 2005

Meffert, Heribert: Marketing, Grundlagen marktorientierter Unternehmensführung, Konzepte- Instrumente-Praxisbeispiele, 9. überarbeite und erweiterte Auflage, Wiesbaden, Oktober 2000

Peter, Sibylle Isabelle: Kundenbindung als Marketingziel, Identifikation und Analyse zentraler Determinanten, 2. überarb. und aktual. Auflage, Wiesbaden, 1999

Salmen, M. Sonja: Electronic Customer Care, der überlegene Weg zur E-Loyality, in: Salemen, M. Sonja und Gröschel, Michael (Hrsg.), Handbuch Electronic Customer Care, Der Weg zur digitalen Kundennähe, Heidelberg, 2004

Scheib, Valentina Veneto: Migrantinnen zwischen Integration und Heimkehr: in Lajios, Konstantin, Die ausländische Familie, Ihre Situation und Zukunft in Deutschland, Opladen, 1998

Solomon Michael, Bamossy, Gary u. Askegaard, Soren Askegaard: Konsumentenverhalten, Der europäische Markt, München, 2001

Statistisches Landesamt Berlin: Statistisches Jahrbuch 2006, Berlin, 2006

Tesch, Andreas, Dahlhoff, Denise u. Paul, Michael: Vertriebsorganisation in: Laker, Michael (Hrsg.) Marketing für Energieversorger, Kunden binden und gewinne im Wettbewerb, Überreuter, 2000

Tomczak, Torsten und Dittrich, Sabine: Erfolgreich Kunden binden, Eine kompakte Einführung, Gfm-Manual, Band I,: von Kühn, Richhard und Tomczak, Torsten (Hrsg.), Zürich, 1997

Tomczak, Torsten, Dittrich, Sabine und Reinecke, Sven: Kundenpotentiale auschöpfen-Gestaltungsansätze für Kudenbindung in verschiedenen Geschäftstypen, in: Hinterhuber, Hans, H. und Matzler, Kurt (Hrsg.), Kundenorientierte Unternehmensführung, Kundenorientierung, Kundenzufriedenheit, Kundenbindung, 4. Auflage, Wiesbaden, Mai 2004

Trommsdorff, Volker: Konsumentenverhalten, 5. Auflage, Stuttgart, 2003

Valiente, Claudia u. Yetgin Tanja: Ethno- Marketing für die deutschtürkische Zielgruppe, Grundlagen, Kriterien, Praxis, Saarbrücken, 2006

Weinberg, Peter u. Terlutter, Ralf: Verhaltenswissenschaftliche Aspekte der Kundenbindung, in: Homburg, Christian und Bruhn, Manfred (Hrsg.), Handbuch Kundenbindungsmanagement, Strategien und Instrumente für ein erfolgreiches CRM, 5. überarbeitete und erweiterte Auflage, Wiesbaden, März 2005

Zanger Cornelia u. Deckow, Frauke: Vertrauen durch Kompetenzmarketing, in: Bauer, Hans H., Neumann, Marcus M. u. Schüle Anja (Hrsg.), Konsumentenvertrauen, Konzepte und Anwendungen für ein nachhaltiges Kundenbindungsmanagement, München, 2006

Zentes, Joachim, Swoboda Bernhard u. Schramm-Klein, Hanna: Internationales Marketing, München, 2006

Zeitungsartikel:

Afheldt, Heik: Nuon-Chef Thomas, Mecke, Der Tagesspiegel, Nr. 19748, Berlin, 05.12.2007

Cinar, Mitat: Ethnospezifisches Marketing für Deutschtürken-Probleme und Chancen, Thexis Jahrgang 20, Nr. 4, Wiesbaden, 2003

Diller, Hermann: Kundenbindung als Marketingziel, Zeitschrift für Marketing, Heft 2, 2. Quartal, o.O., 1996

Eggert, Andreas: Konzeptionalisierung und Operationalisierung der Kundenbindung aus Kundensicht, Marketing- Zeitschrift für Forschung und Praxis, 2. Quartal, 22. Jahrgang, 2000,

Frese, Alfons: Vattenfall: Wir haben verstanden, Nach den Atompannen und der Tariferhöhung wirbt der neue Deutschlandchef um Vertrauen/ RWE erhöht vorerst nicht die Preise, Der Tagesspiegel, Nr. 19632, Berlin, 10.08.2007

Gohr, Steffanie: Wanderer zwischen zwei Welten, Die türksiche Zielgruppe, Direkt Marketing, 41. Jahrgang, 4 Ausgabe, April 2005

Henseler, Jörg (2006b): Was bedeutet Trägheit? Begriff und Wirkung der Trägheit im Rahmen des Wechselverhaltens von Kosnumenten im Strommarkt, Der Markt, Zeitschrift für Absatz und Marketing, 45 Jahrgang, Nr. 178, Wien 2006

o.V. (2007a): „Viele Ängste im Kopf“, Nur wenige Kunden wechseln den Stromanbieter, Der Tagesspiegel, Nr. 19578, Berlin, 17.06.2007

o.V. (2007b): Strom wird noch teurer, Verband erwartet 2008 weitere Preiserhöhungen, Der Tagesspiegel, Nr. 19636, Berlin, 14.08.2007

o.V. (2007c): Sonderveröffentlichung von Vattenfall (in türkischer Sprache), Hürriyet, Deutschland, 26.06.2007

o.V.: „Watt & More", Energiereiches Dialogkonzept, Direkt Marketing, Magazin für kundenorientierte Kommunikation, 41. Jahrgang, 9 Ausgabe, September 2005

Wieschowski, Sebastian: Hunde verpönt, Nackte verboten, Eine Berliner Werbeagentur hilft Missverständnisse beim Werben um türksiche Kunden zu vermeiden, Der Tagesspiegel, Nr. 19525, Berlin, 22.04.2007

Internetquellen:

Eprimo: Newsletter, URL: http://www.eprimo.de/newsletter_archiv.php?pageid=55, [09.11.2007]

Focus: Der Markt der Energieversorgung, Daten, Fakten, Trends, Juni 2000, URL: http://www.medialine.de/hps/client/medialn/, [22.10.2007], (Download erst nach Registrierung möglich)

Gruene: Wie geht Stromwechsel, Fragen und Antworten zum Stromwechsel http://www.gruene.de/cms/default/dok/149/149461.wie_geht_stromwechsel.htm, [01.12.2007]

Lichtblick: Lichtblick: Newsletter, URL: http://www.lichtblick.de/newsundinfos/newsletter.php ?lbid=uzjeRqMzBB2w&v=1&, [09.11.2007]

Metropol FM: Die Deutschtürken, URL: http://www.imdr.de/download/bdr_ dokumente/050920_MetropolFM_Felten.pdf [23.10.2007]

Nelius, Kurt u. Schmelcher: Reimund: Leerstandserhebung über Stromzähler in Berlin, Bundesarbeitskreis Wohnungsmarktbeobachtung vom 28.04. 2005, URL: http://www.wohnungsmarktbeobachtung.de/download/BAKTreffen/BAK_18_B/Beitrag_Nelius_LeerstandserhebungBerlin.pdf, [08.11.2007]

o.V.: Wer wirbt wofür?- Die dafk- Promiliste, Stand 16 Dezember 2003, URL: http://www.ephilias.de/konsumterror/promiliste.htm, [09.12.2007]

taz: Vattenfall sorgt für Lichtblick, vom 20.07.2007, URL: http://www.taz.de/index.php?id=berlin-aktuell&dig=2007/07/20/a0163&id=820&c - Hash=8bbfa1201d, [08.11.2007]

Vattenfall: Vattenfall in Deutschland: Teil einer europäischen Kraft, URL: http://www.vattenfall.de/www/vf/vf_de/225583xberx/225613dasxu/225673portr/index.jsp, [08.11.2007]

Verband der Elektrizitätswirtschaft e.V. (VDEW): Strommarkt Deutschland, Zahlen und Fakten zur Stromversorgung,o.O. Herbst 2006, URL: www.energieberater.harzenergie.de /ContentFiles/Portal/Downloads/Strommarkt%20Dtld,%20Herbst%202006.pdf, [21.08.2007]

Willenbrock, Harald: Also Ich glaube, Strom ist langweilig, brandeinsonline, 2005, URL: http://www.brandeins.de/home/inhalt_detail.asp?id=1740, [09.12.2007]

9 Anhang

Abbildungsverzeichnis

Tabellenverzeichnis

A Graphik Lebensstil

Name	Werte	Lifestyle	Demografie	Sozigrafie
Konservativen	-bescheidenes Leben -geringer Ehrgeiz -aufgehen in der Masse -familienorientiet	-altbewährte Sitten bewahren -türkische Identität -hoher Ehrbegriff -sozial tolerant	-eher Frauen -eher älter 30-49 Jahre -geringe Bildung -Geburtsland Türkei	-türkische Lebenswelt -gläubig bis streng gläubige Muslime -mögen türkische Volksmusik (Halk) und klassische türkische Musik (Sanat) -Familienkonsum, sparsam -wenig modeorientiert
Skeptiker	-Freundschaft Clique -Fun, Spaß -eher unangepasst -eher intolerant	-keine klare nationale Identität -eher unbescheiden -geringe geistige Offenheit	-eher Männer bis 24 Jahre -geringe Bildung -überwiegend in Deutschland geboren	-gemischt türkisch-deutsche Lebenswelt/ Freunde -hören Hip-Hop -modeorientiert -Markenorientierung bei Unterhaltungselektronik, Handy, Kleidung
Bikulturelle	-geistige Offenheit -gegen traditionelle Geschlechterrolle -Gastland akzeptieren -Internationalität	-Anpassungsbereitschaft -soziale Toleranz -bikulturell -hohe Integrationsbereitschaft	-eher Frauen -18-39 Jahre -eher hohe Bildung -ein Drittel mit deutschem Pass	-gemischt-nationale Lebenswelt/Freunde -liberal gläubig -hören gern Türk-Pop -mode- und markenbewusst -hohe Ausgaben für Outgoing
Materialisten	-Wohlstand/ Besitz -Status/ Ehrgeiz -sind für traditionelle Geschlechterrollen	-türkische Identität -Gastland akzeptieren -Anpassungsbereitschaft	-eher Männer -25-39 Jahre -alle Bildungslevel -in der Türkei geboren	-türkische Lebenswelt -zum Teil streng gläubige Muslime -traditionell türkisch erzogen -Ältere mögen Arabesk-Musik/ Jüngere Türk-Pop und Hip-Hop -Jüngere sind modebewusst -alle: markenbewusst
Interlektuelle	-geistige Offenheit -Freiheit -Individualität -gegen Traditionen	-Selbstständigkeit -gegen traditionelle Geschlechterrollen -kein großer Patriotismus zur Türkei	-eher Männer -30-39 Jahre -in Türkei geboren -liberal erzogen	-wenig gläubige Muslime -mögen Halk türkische Volksmusik -großer deutscher Freundeskreis -nicht sehr modebewusst -hohe Ausgaben für Outgoing

Abbildung 1: Die Segmente: Lifestyle und Werte türksicher Mitbürger in Deutschland, in Anlehnung an Kraus-Weysser/Ugurdemir-Brincks, (Kraus-Weysser/Ugurdemir-Brincks, 2002, S. 67)

B Fragebogen

B.1 Fragebogen deutsche Version

Guten Tag. Mein Name ist Stephan Lüdtke. Ich führe im Rahmen meiner Diplomarbeit eine wissenschaftliche Umfrage bei türkischen Konsumenten im Strommarkt durch. Hierbei geht es darum, inwieweit Sie sich für Strom interessieren, wie zufrieden Sie mit Ihrem Stromversorger sind und ob Sie diesem vertrauen. Hierzu werden Personen mit türkischem Migrationshintergrund ab 18 Jahren befragt. Die Umfrage dauert maximal 15 Minuten und ist absolut anonym. Für den Fall, dass Sie einzelne Fragen nicht beantworten können, lassen Sie diese einfach offen. Mit der Teilnahme an der Umfrage leisten Sie einen Beitrag, um den Service für Sie zu verbessern.

Vielen Dank für Ihre Unterstützung!

Frage 1: Wie viele Personen leben insgesamt in Ihrem Haushalt? _______ Personen

Frage 2: Wer ist Ihr derzeitiger Stromversorger?

☐ Vattenfall ☐ Nuon ☐ Yello Strom ☐ Flexstrom ☐ E wie Einfach ☐ eprimo

☐ Lichtblick ☐ TelDaFax Energy ☐ sonstige: ____________________

Frage 3: Welche Tarifart beziehen Sie derzeit von Ihrem Stromversorger?

☐ Ökostrom ☐ Atomstrom ☐ Strom (Kohle/ Gas) ☐ weiß nicht

Frage 4: Haben Sie in den letzten 6 Monaten den Tarif innerhalb Ihres Stromversorgers gewechselt? ☐ ja ☐ nein

Frage 5: Haben Sie in den letzten 6 Monaten den Stromversorger gewechselt? ☐ ja ☐ nein, weiter mit Frage 7

Frage 6: Warum haben Sie sich einen neuen Stromversorger gesucht?

☐ Preis ☐ Stromart (z.B. Ökostrom) ☐ besserer Service ☐ Preisgarantie ☐ sonstiges: __________

Frage 7: Wie hoch ist <u>circa</u> Ihr Jahresverbrauch in kWh?

Verbrauch in kWh	1000- 1500	1501- 2000	2001-3000	3001- 4000	4001- 5000	mehr als 5000
	☐	☐	☐	☐	☐	☐

Frage 8: Ich kontaktiere meinen Stromversorger überwiegend

☐ schriftlich ☐ telefonisch ☐ via Internet ☐ sonstige: ____________ ☐ gar nicht

1

Frage 9: Wie stark treffen folgende Aussagen auf Sie zu? Sie haben bei jeder Aussage die Möglichkeit zwischen „trifft voll zu" bis „trifft gar nicht zu" abzustufen. (Bitte jede Rubrik ausfüllen)

	trifft voll zu	trifft zu	weder noch	trifft nicht zu	trifft gar nicht zu
Ich überlege mir die Wahl des Stromanbieters gründlich.	☐	☐	☐	☐	☐
Ich überlege mir die Wahl des Tarifs gründlich.	☐	☐	☐	☐	☐
Ich informiere mich mindestens monatlich über die Angebote anderer Stromversorger.	☐	☐	☐	☐	☐
Ich informiere mich mindestens monatlich über die unterschiedlichen Tarife meines Stromversorgers.	☐	☐	☐	☐	☐

Frage 10: Wie stark treffen folgende Aussagen auf Sie zu? Sie haben bei jeder Aussage die Möglichkeit zwischen „trifft voll" bis „trifft gar nicht zu" abzustufen. (Bitte jede Rubrik ausfüllen)

	trifft voll zu	trifft zu	weder noch	trifft nicht zu	trifft gar nicht zu
Ich bin mit meinem Stromversorger zufrieden.	☐	☐	☐	☐	☐
Ich bin mit der Zuverlässigkeit der Stromversorgung zufrieden.	☐	☐	☐	☐	☐
Ich bin mit den Serviceleistungen meines Stromversorgers zufrieden.	☐	☐	☐	☐	☐
Mein Stromversorger informiert mich ausreichend über Preise und Tarife.	☐	☐	☐	☐	☐
Ich bin mit der Verständlichkeit der Abrechnung meines Stromversorgers zufrieden.	☐	☐	☐	☐	☐
Ich bin mit der Kundenberatung meines Stromversorgers zufrieden.	☐	☐	☐	☐	☐

Frage 11: Wie schätzen Sie Ihren Stromversorger ein?
(Bitte wählen Sie zwischen jedem der beiden Wortpaaren, welchem Begriff Sie ihrem Versorger eher zuordnen)

	1	2	3	4	5	6	7	
seriös	☐	☐	☐	☐	☐	☐	☐	unseriös
vertrauensvoll	☐	☐	☐	☐	☐	☐	☐	nicht vertrauensvoll
kompetent	☐	☐	☐	☐	☐	☐	☐	inkompetent

innovativ	☐	☐	☐	☐	☐	☐	☐	altmodisch
sympathisch	☐	☐	☐	☐	☐	☐	☐	unsympathisch
teuer	☐	☐	☐	☐	☐	☐	☐	billig
fair	☐	☐	☐	☐	☐	☐	☐	unfair

Frage 12: Was ist Ihnen bei der Wahl des Stromversorgers wichtig? (Bitte jede Zeile der Tabelle ausfüllen)

Mir ist wichtig, dass sich mein Stromversorger …	**sehr wichtig**	**eher wichtig**	**neutral**	**eher unwichtig**	**unwichtig**
…für die Umwelt einsetzt.	☐	☐	☐	☐	☐
….gesellschaftlich engagiert.	☐	☐	☐	☐	☐
… sozial engagiert.	☐	☐	☐	☐	☐
….guten Service anbietet.	☐	☐	☐	☐	☐
…preiswerten Strom anbietet.	☐	☐	☐	☐	☐

Frage 13: Wie stark treffen folgende Aussagen auf Sie zu? Sie haben bei jeder Aussage die Möglichkeit zwischen „trifft voll zu" bis „trifft gar nicht zu" abzustufen. (Bitte jede Rubrik ausfüllen)

	trifft voll zu	trifft zu	weder noch	trifft nicht zu	trifft gar nicht zu
Ich vertraue meinem Stromversorger.	☐	☐	☐	☐	☐
Mein Stromversorger wird mich auch in Zukunft mit Strom versorgen.	☐	☐	☐	☐	☐
Meinen Stromversorger wird auch in 5 Jahren noch am Markt existieren.	☐	☐	☐	☐	☐
Ich werde auf jeden Fall bei meinem jetzigen Stromversorger bleiben.	☐	☐	☐	☐	☐
Ich werde meinen Stromversorger in Zukunft weiterempfehlen.	☐	☐	☐	☐	☐
Ich empfehle meinen Stromversorger aktiv in meinem Umfeld weiter.	☐	☐	☐	☐	☐

Frage 14: Wie stark treffen folgende Aussagen auf Sie zu? Sie haben bei <u>jeder</u> Aussage die Möglichkeit zwischen „trifft voll zu" bis „trifft gar nicht zu" abzustufen. (Bitte jede Rubrik ausfüllen)

	trifft voll zu	trifft zu	weder noch	trifft nicht zu	trifft gar nicht zu
Ich würde es begrüßen, wenn mein Stromversorger in türkischer Sprache wirbt.	☐	☐	☐	☐	☐
Ich würde es begrüßen, wenn Informationsmaterialien (Broschüren, Rechnungen, etc.) in türkischer Sprache erhältlich wären.	☐	☐	☐	☐	☐
Ich würde es begrüßen, wenn ich mit den Mitarbeitern meines Stromversorger auf türkisch sprechen könnte	☐	☐	☐	☐	☐
Eine Ansprache in meiner Muttersprache würde mich bestärken bei meinem Stromversorger zu bleiben.	☐	☐	☐	☐	☐
Ich fühle mich zur Türkei hingezogen bzw. verbunden.	☐	☐	☐	☐	☐
Ich fühle mich zu Berlin hingezogen bzw. verbunden.	☐	☐	☐	☐	☐

<u>Nun folgen noch 6 Fragen zu Ihrer Person:</u>

Frage 15: Wie alt sind Sie? ☐ 18 -25 Jahre ☐ 26- 35 Jahre ☐ 36-45 Jahre ☐ 46- 55 Jahre

☐ 56- 65 Jahre ☐ über 65 Jahre

Frage 16: Sind Sie männlich oder weiblich? ☐ männlich ☐ weiblich

Frage 17: Wo sind Sie geboren? ☐ Türkei ☐ Deutschland, weiter mit Frage 19

Frage 18: Wie lange leben Sie schon in Deutschland?

☐ bis 5 Jahre ☐ 6- 10 Jahre ☐ 11- 15 Jahre ☐ 16- 20 Jahre ☐ mehr als 20 Jahre

Frage 19: Was ist ihr höchster Schulabschluss? ☐ kein Abschluss ☐ Hauptschule ☐ Realschule

☐ höhere Schule (Abitur/ Fachabitur bzw. Matura) ☐ Studium ☐ Berufsausbildung ☐ sonstiges: ____________

Frage 20: Welche Sprache sprechen Sie überwiegend im Alltag? ☐ türkisch ☐ deutsch

Ihre Meinung/ Kritik/ sonstiges: ____

____

Vielen Dank für Ihre Teilnahme!

4

B.2 Fragebogen türkische Version

Iyi günler !
Adim Stephan Lüdtke. Üniversite mezuniyet Diploma tezi olarak, türk kökenli elektrik tüketicileri arasında akademik bir piyasa arastirması yapmaktayim. Amacim türk toplumunda elektrik piyasasinin ne derece ilgi cektigini arastirmak, ögrenmektir. (Elektrik üreticinizi/dagiticinizi taniyormusunuz?, memnunmusunuz?, ne derece itimat ediyorsunuz? ve benzeri). Bunlar ve bu gibi sorular sadece 18 yasini gecmis Türkkökenli vatandaslara sorulacaktir. En cok 15 dakıkanızi alacak olan bu sorusturma kesinlikle anonim yapilmaktadir ve bana büyük yardimi olacaktir. Cevap veremediginiz soruları lütfen bos birakip geciniz. Arastirmaya katilmaniz ve cevaplariniz, servisimizin sizlere eniyi hizmeti verebilmesi bakimindan cok yararli olacaktir.

Arastirmama desteginiz icin cok tesekkürler.

Soru 1: Evinizde kac kisi yasamaktadir? _______ Kisi

Soru 2: Elektriginizi hangi sirketten temin ediyorsunuz?

☐ Vattenfall ☐ Nuon ☐ Yello Strom ☐ Flexstrom ☐ E wie Einfach ☐ eprimo ☐ Lichtblick

☐ TelDaFax Energy ☐ Diger ____________________

Soru 3: Elektriginizi hangi tarifeden temin ediyorsunuz?

☐ Ököloji elektrik ☐ Nükleer elektrik ☐ Kömür veya gaz elektrik ☐ Bilmiyorum

Soru 4 : Son alti ayda elektrik tarifenizi degistirdinizmi? ☐ Evet ☐ Hayir

Soru 5: Son alti ayda elektrik sirketi degistirdinizmi? ☐ Evet ☐ Hayir Cevap hayir ise soru 7'ye geciniz

Soru 6: Neden elektrik sirketi degistirdirniz?

☐ Fiyat ☐ Elektrik türü (mesela Ököloji) ☐ Servis; Sabit fiyat ☐ Baska neden (aciklayiniz) ☐ Diger __________

Soru 7: Yaklasik olarak yillik elektrik tüketiminiz ne kadardir?

kWh	1000- 1500	1501- 2000	2001-3000	3001- 4000	4001- 5000	5000 den fazla
Tüketim	☐	☐	☐	☐	☐	☐

Soru 8 : Elektrik sirketi veya dagiticisi ile genellikkle hangi iletisim yolunu tercih ediyorsunuz?

☐ Yazili ☐ Telefon ☐ Internet ☐ Diger_________________ ☐ Asla

Soru 9: Lütfen asagidaki düsünce cümlelerini seceneklerden biri ile cevaplayiniz? (lütfen her soruyu cevaplayiniz)

	cok dogru	dogru	orta	dogru degil	ilgilenmiyorum
Elektrik sirketimi secerken iyice düsünürüm.	☐	☐	☐	☐	☐
Elektrik Tarifemi secerken iyice düsünürüm.	☐	☐	☐	☐	☐
Asgari ayda bir diger sirketlerin tekliferini inceler bilgi edinirim.	☐	☐	☐	☐	☐

1

Asgari ayda bir kendi sirketimin yeni Tarife-tekliferini inceler bilgi edinirim.	☐	☐	☐	☐	☐

Soru 10: Lütfen asagidaki ifadeleri size uygunluk derecesine göre cevaplayiniz? (lütfen her soruyu cevaplayiniz)

	cok dogru	dogru	orta	dogru degil	ilgilenmiyorum
Elektrik sirketimden memnunum.	☐	☐	☐	☐	☐
Elektrik dagitimi güvenilirliginden memnunum.	☐	☐	☐	☐	☐
Sirketin servisinden memnunum.	☐	☐	☐	☐	☐
Elektrik sirketim fiyat ve tarifeden beni yeterince haberdar ediyor.	☐	☐	☐	☐	☐
Fatura düzenlemelerini anlamakta zorluk cekmiyorum.	☐	☐	☐	☐	☐
Sirketin müsteri hizmetleriden memnunum.	☐	☐	☐	☐	☐

Soru 11: Lütfen Elektrik sirketinizi taninlayiniz. Notunuzu 1ila 7 arasinda azami ve asgari nitelik belirten kelimeler arasinda degerlendiriniz? (lütfen her tanimlamayi tek tek cevaplayiniz)

	1	2	3	4	5	6	7	
ciddi	☐	☐	☐	☐	☐	☐	☐	ciddi degil
güvenli	☐	☐	☐	☐	☐	☐	☐	güvenli degil
bilgili, (isbilir)	☐	☐	☐	☐	☐	☐	☐	bilgili (isbilir) degil
yaratici modern	☐	☐	☐	☐	☐	☐	☐	modern degil
sempatik	☐	☐	☐	☐	☐	☐	☐	sempatik degil
pahalli	☐	☐	☐	☐	☐	☐	☐	ucuz
dürüst	☐	☐	☐	☐	☐	☐	☐	dürüst degil

Soru 12: Hangi kriterler elektrik sirketi secimi icin önemlidir ?

Sirketimin asagidaki kriterlere postiv yanasmasi beni memnun eder …	cok önemli	önemli	orta	önemsiz	cok önemsiz
… Doga, Cevre hassasiyeti	☐	☐	☐	☐	☐
…. Kamusal ilgi	☐	☐	☐	☐	☐
… Sosyal iliskiler	☐	☐	☐	☐	☐
…. Iyi servis	☐	☐	☐	☐	☐
… Ucuz elektrik	☐	☐	☐	☐	☐

2

Soru 13: Lütfen asagidaki ifadeleri size uygunluk derecesine göre cevaplayiniz? (lütfen her soruyu cevaplayiniz)

	cok dogru	dogru	orta	dogru degil	ilgilenmiyorum
Elektrik sirketime güveniyorum.	☐	☐	☐	☐	☐
Elektrik sirketimden ileridede elektrik temin edebilirim.	☐	☐	☐	☐	☐
Elektrik sirketim 5 yil sonrada piyasada kalacaktir.	☐	☐	☐	☐	☐
Elektrik sirketimi degistirmeyi kattiyen düsünmüyorum.	☐	☐	☐	☐	☐
Elektrik sirketimi ileridede tavsiye edecegim.	☐	☐	☐	☐	☐
Elektrik sirketimi tanidiklarima tavsiye ediyorum.	☐	☐	☐	☐	☐

Soru 14: Lütfen asagidaki ifadeleri size uygunluk derecesine göre cevaplayiniz? (lütfen her soruyu cevaplayiniz)

	cok dogru	dogru	orta	dogru degil	ilgilenmiyorum
Elektrik sirketim türkce reklam yaparsa sevinirim.	☐	☐	☐	☐	☐
Elektrik sirketim türkce yazili Reklamlarina (brosür, kitapcik ve benzeri) sevinirim.	☐	☐	☐	☐	☐
Elektrik sirketimle türkce konusabilmek beni sevindirir.	☐	☐	☐	☐	☐
Bana Türkce hitap edilmesi bu sirkette kalmami kuvvetlendirebilir.	☐	☐	☐	☐	☐
Kendimi Türkiye'ye yakin hissediyorum.	☐	☐	☐	☐	☐
Kendimi Berlin'e yakin hissediyorum.	☐	☐	☐	☐	☐

<u>Size kisisel son 6 soru:</u>

Soru 15: kac yasindasiniz?

☐ 18 -25 yas ☐ 26- 35 yas ☐ 36-45 yas ☐ 46- 55 yas

☐ 56- 65 yas ☐ 65 yas yukari

Soru 16: Cinsiyetiniz? ☐ Erkek ☐ Kadin

3

Soru 17: Dogum yeriniz? ☐ Türkiye ☐ Almanya,19.sorudan devam

Soru 18: Ne zamandan beri Almanyada yasiyorsunuz?

☐ 1-5 yil ☐ 6- 10 yil ☐ 11- 15 yil ☐ 16- 20 yil ☐ 20 yildan fazla

Soru 19: Tahsil durumunuz nedir? ☐ tahsilim yok ☐ Ortaokul ☐ Lise ☐ Matura

☐ Üniversite ☐ Tamamlanmis meslek egitimi ☐ Diger______________________

Soru 20: Günlük yasamda en cok hangi dili kullaniyorsunuz ? ☐ Türkce ☐ Almanca

Önerleriniz/ Elistiri/ vesaire: ____

____

Arastirmamiza desteginiz icin cok tesekkür ederiz.

C Graphiken zur Darstellung und Analyse der empirischen Studie

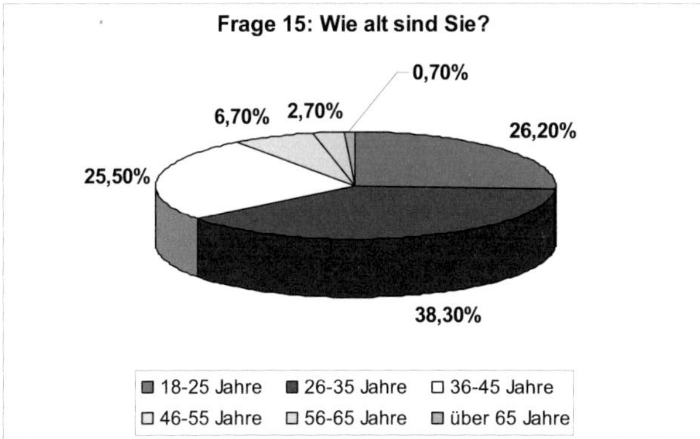

Abbildung 2: Altersstruktur der Stichprobe, eigene Darstellung

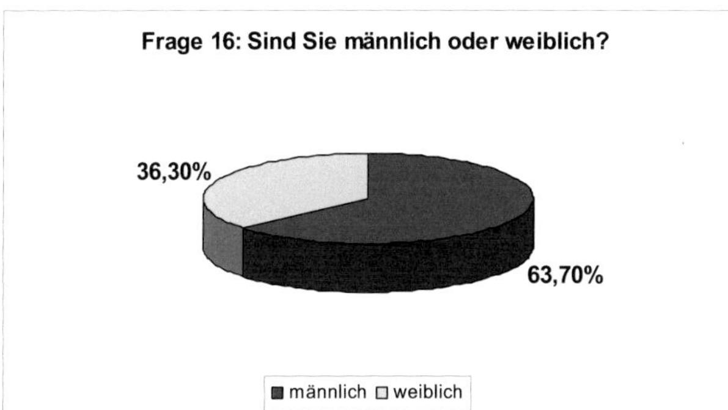

Abbildung 3: Geschlechterverhältnis der Stichprobe, eigene Darstellung

Abbildung 4: Geburtsort der Stichprobe, eigene Darstellung

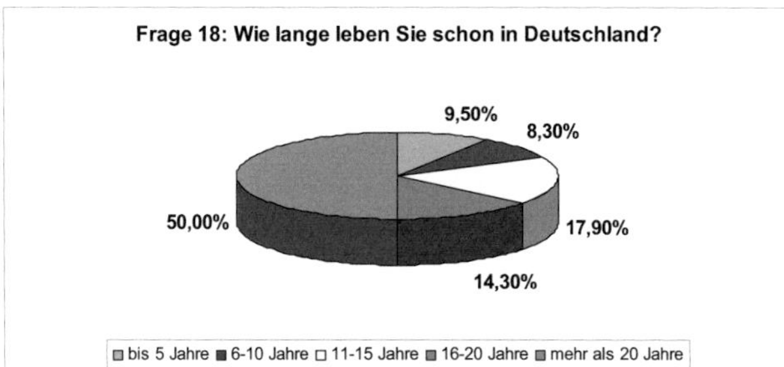

Abbildung 5: Aufenthaltsdauer in Deutschland, eigene Darstellung

Was ist Ihr höchster Schulabschluss?

		Häufigkeit	Prozent	Gültige Prozente	Kumulierte Prozente
Gültig	kein Abschluss	4	2,6	2,8	2,8
	Hauptschule	18	11,9	12,5	15,3
	Realschule	36	23,8	25,0	40,3
	höhere Schule (Abitur, Fachabitur bzw. Matura)	29	19,2	20,1	60,4
	Studium	29	19,2	20,1	80,6
	Berufsausbildung	28	18,5	19,4	100,0
	Gesamt	144	95,4	100,0	
Fehlend	keine Angabe	7	4,6		
Gesamt		151	100,0		

Tabelle 1: Bildungsstruktur der Stichprobe, eigene Darstellung

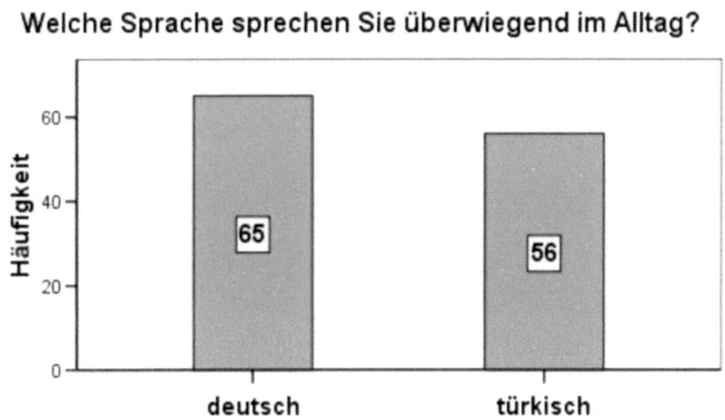

Abbildung 6: bevorzugte Sprache im Alltag[1], eigene Darstellung

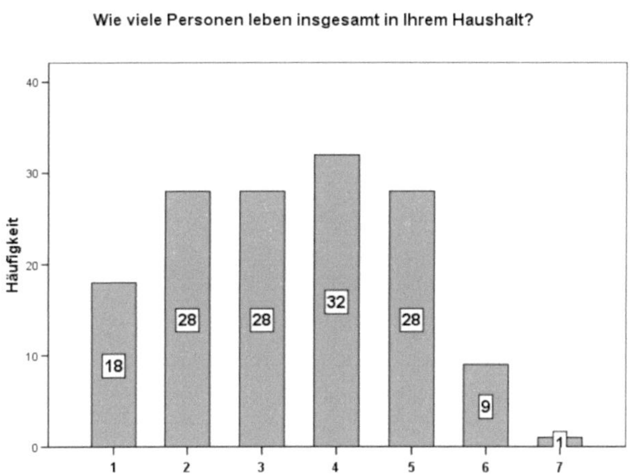

Abbildung 7: Haushaltsgröße der Stichprobe, eigene Darstellung

[1] Bei den im Balkendiagramm angegebenen Werten handelt es sich um die absoluten Werte. Dies gilt auch fortlaufend für alle weiteren Balkendiagramme.

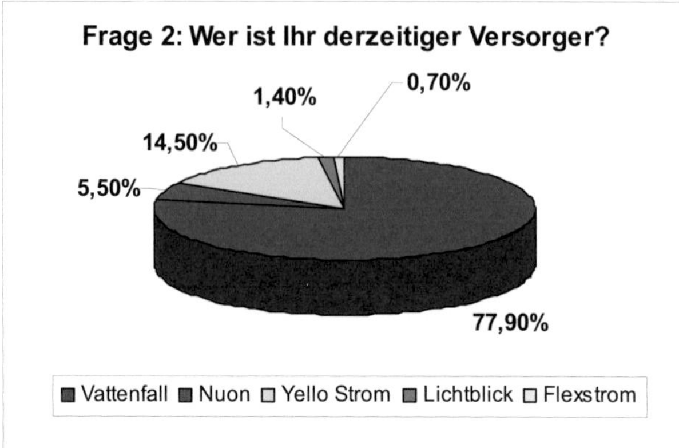

Abbildung 8: aktueller Stromversorger der Stichprobe, eigene Darstellung

Welche Tarifart beziehen Sie derzeit von Ihrem Stromversorger?

		Häufigkeit	Prozent	Gültige Prozente	Kumulierte Prozente
Gültig	Ökostrom	11	7,3	7,8	7,8
	Atomstrom	20	13,2	14,2	22,0
	Strom (Kohle/ Gas)	47	31,1	33,3	55,3
	weiß nicht	63	41,7	44,7	100,0
	Gesamt	141	93,4	100,0	
Fehlend	keine Angabe	10	6,6		
Gesamt		151	100,0		

Tabelle 2: Tarifart vom aktuellen Versorger, eigene Darstellung

Haben Sie in den letzten 6 Monaten den Tarif innerhalb Ihres Stromversorgers gewechselt?

		Häufigkeit	Prozent	Gültige Prozente	Kumulierte Prozente
Gültig	ja	22	14,6	15,3	15,3
	nein	122	80,8	84,7	100,0
	Gesamt	144	95,4	100,0	
Fehlend	keine Angabe	7	4,6		
Gesamt		151	100,0		

Tabelle 3: Tarifwechsel in den letzten 6 Monaten innerhalb des eigenen Versorgers, eigene Darstellung

Haben Sie in den letzten 6 Monaten den Stromversorger gewechselt?

		Häufigkeit	Prozent	Gültige Prozente	Kumulierte Prozente
Gültig	ja	15	9,9	10,5	10,5
	nein	128	84,8	89,5	100,0
	Gesamt	143	94,7	100,0	
Fehlend	keine Angabe	8	5,3		
Gesamt		151	100,0		

Tabelle 4: Anbieterwechsel innerhalb der letzten 6 Monate, eigene Darstellung

Warum haben Sie sich einen neuen Stromversorger gesucht?

		Häufigkeit	Prozent	Gültige Prozente	Kumulierte Prozente
Gültig	Preis	11	7,3	91,7	91,7
	besserer Service	1	,7	8,3	100,0
	Gesamt	12	7,9	100,0	
Fehlend	keine Angabe	2	1,3		
	System	137	90,7		
	Gesamt	139	92,1		
Gesamt		151	100,0		

Tabelle 5: Motive für den Anbieterwechsel, eigene Darstellung

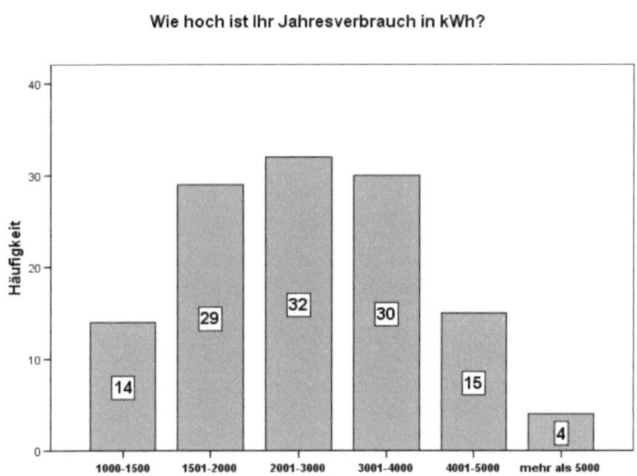

Abbildung 9: Höhe des Jahresverbrauchs innerhalb der Stichprobe, eigene Darstellung

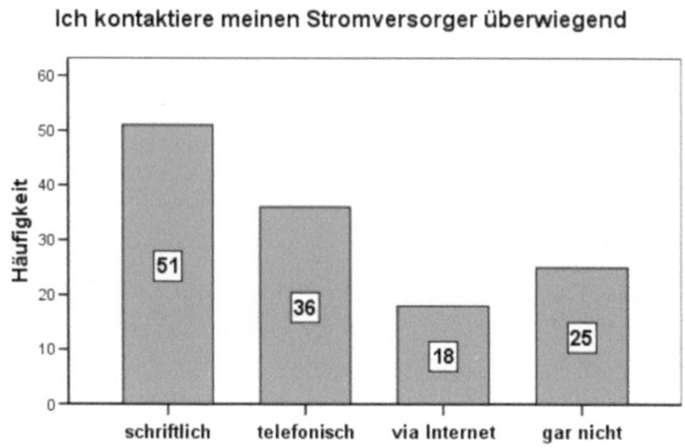

Abbildung 10: Kontaktaufnahme zum Anbieter innerhalb der Stichprobe, eigene Darstellung

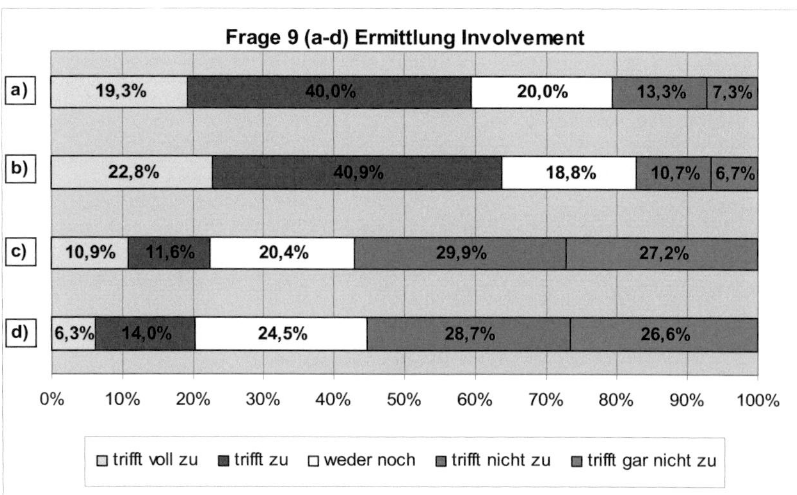

Abbildung 11: Ermittlung des Involvement, eigene Darstellung

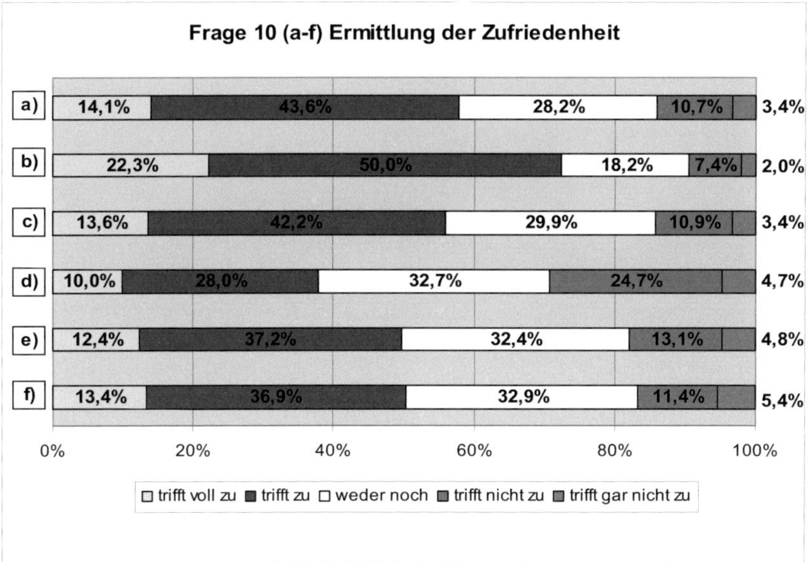

Abbildung 12: Ermittlung der Zufriedenheit, eigene Darstellung

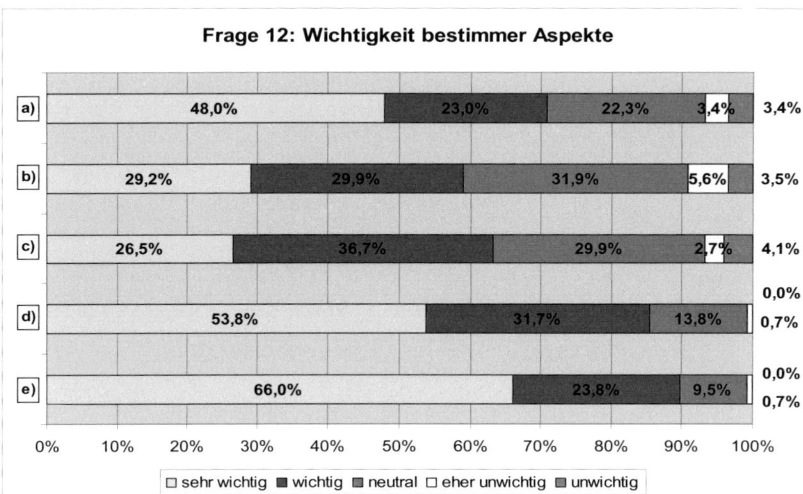

Abbildung 13: Wichtigkeit einzelner Aspekte aus Kundensicht, eigene Darstellung

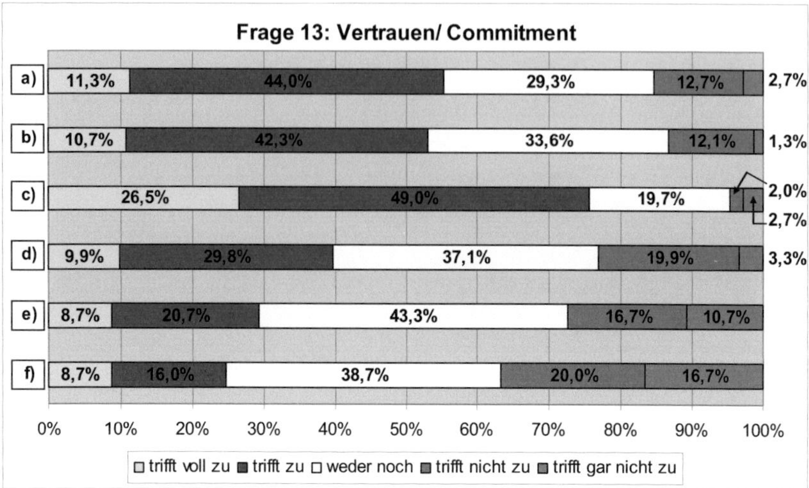

Abbildung 14: Vertrauen/Commitment, eigene Darstellung

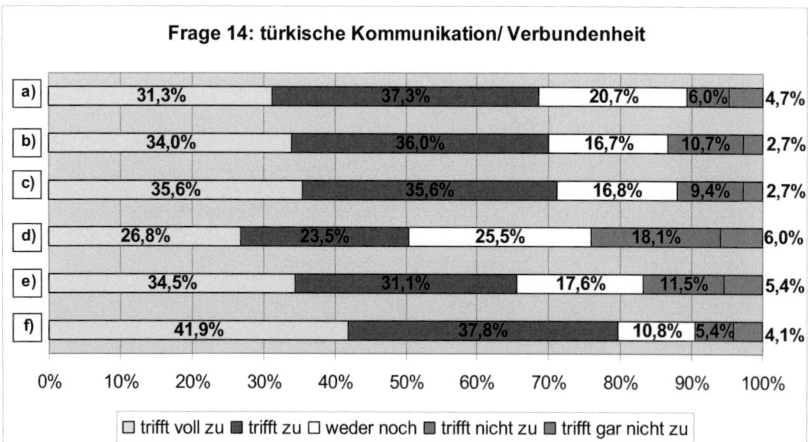

Abbildung 15: Türkische Kommunikation/Verbundenheit, eigene Darstellung

Generationszugehörigkeit

		Häufigkeit	Prozent	Gültige Prozente	Kumulierte Prozente
Gültig	erste Generation	15	9,9	10,1	10,1
	zweite Generation	95	62,9	63,8	73,8
	dritte Generation	39	25,8	26,2	100,0
	Gesamt	149	98,7	100,0	
Fehlend	System	2	1,3		
Gesamt		151	100,0		

Tabelle 6: Generationszugehörigkeit innerhalb der Stichprobe, eigene Darstellung

D Mittelwerttabellen

Frage 9: Involvement	erste Generation (MW)	zweite Generation (MW)	dritte Generation (MW)	MW gesamt
Ich überlege mir die Wahl des Stromanbieters gründlich. (a)	2,40	2,47	2,64	2,51
Ich überlege mir die Wahl des Tarifs gründlich. (b)	2,20	2,37	2,50	2,39
Ich informiere mich mindestens monatlich über die Angebote anderer Stromversorger. (c)	3,20	3,39	3,97	3,52
Ich informiere mich mindestens monatlich über die unterschiedlichen Tarife meines Stromversorgers. (d)	3,08	3,44	3,95	3,55

Tabelle 7: Involvement mit Mittelwerten (MW) nach Generationen, eigene Darstellung[2]

[2]Die angegebenen Mittelwerte (MW) geben an, wie stark die Befragten dem Sachverhalt zustimmen. Da eine fünfstufige Skalierung gewählt wurde, können die Werte zwischen eins und fünf liegen, wobei eins die stärkste Zustimmung ausdrückt.

Frage 10: Zufriedenheit	erste Generation (MW)	zweite Generation (MW)	dritte Generation (MW)	MW gesamt
Ich bin mit meinem Stromversorger zufrieden. (a)	2,27	2,48	2,53	2,47
Ich bin mit der Zuverlässigkeit der Stromversorgung zufrieden. (b)	2,21	2,15	2,24	2,18
Ich bin mit den Serviceleistungen meines Stromversorgers zufrieden. (c)	2,47	2,43	2,67	2,50
Mein Stromversorger informiert mich ausreichend über Preise und Tarife. (d)	2,67	2,84	3,05	2,88
Ich bin mit der Verständlichkeit der Abrechunung meines Stromversorgers zufrieden. (e)	2,80	2,62	2,56	2,62
Ich bin mit der Kundenberatung meines Stromversorgers zufrieden. (f)	2,67	2,59	2,59	2,60

Tabelle 8: Zufriedenheit mit Mittelwerten (MW) nach Generationen, eigene Darstellung

Wortpaare		erste Generation (MW)	zweite Generation (MW)	dritte Generation (MW)	Mw gesamt
seriös	unseriös	2,69	2,92	2,33	2,75
vertrauensvoll	nicht vertrauensvoll	3,00	3,07	3,03	3,04
kompetent	inkompetent	2,92	3,23	2,85	3,09
innovativ	altmodisch	3,00	3,20	3,24	3,17
sympathisch	unsympathisch	3,54	3,41	3,52	3,43
teuer	billig	2,31	2,98	2,82	2,86
fair	unfair	3,77	3,48	3,48	3,49

Tabelle 9: Einstellung mit Mittelwerten (MW) nach Generationen, eigene Darstellung

Frage 12: Wichtigkeit	erste Generation (MW)	zweite Generation (MW)	dritte Generation (MW)	MW gesamt
Mir ist wichtig, dass sich mein Stromversorger für die Umwelt einsetzt. (a)	1,86	1,85	2,08	1,91
Mir ist wichtig, dass sich mein Stromversorger gesellschaftlich engagiert. (b)	2,00	2,18	2,49	2,25
Mir ist wichtig, dass sich mein Stromversorger sozial engagiert. (c)	2,07	2,15	2,42	2,21
Mir ist wichtig, dass mein Stromversorger guten Service anbietet. (d)	1,79	1,59	1,61	1,62
Mir ist wichtig, dass mein Stromversorger preiswerten Strom anbietet. (e)	1,50	1,46	1,42	1,46

Tabelle 10: Wichtigkeit bestimmter Aspekte mit Mittelwerten (MW) nach Generationen, eigene Darstellung

Frage 13: Vertrauen/ Commitment	erste Generation (MW)	zweite Generation (MW)	dritte Generation (MW)	MW gesamt
Ich vertraue meinem Stromversorger. (a)	2,40	2,51	2,62	2,53
Mein Stromversorger wird mich auch in Zukunft mit Strom versorgen. (b)	2,13	2,59	2,51	2,52
Mein Stromversorger wird auch in 5 Jahren noch am Markt existieren. (c)	2,00	2,10	2,00	2,06
Ich werde auf jeden Fall bei meinem jetzigen Stromversorger bleiben. (d)	2,73	2,80	2,77	2,79
Ich werde meinen Stromversorger in Zukunft weiterempfehlen. (e)	2,60	2,97	3,28	3,01
Ich empfehle meinen Stromversorger aktiv in meinem Umfeld weiter. (f)	2,93	3,15	3,49	3,22

Tabelle 11: Vertrauens/Commitment mit Mittelwerten (MW) nach Generationen, eigene Darstellung

Generationszugehörigkeit * Ich empfehle meinen Stromversorger aktiv in meinem Umfeld weiter. Kreuztabelle

Anzahl

		Ich empfehle meinen Stromversorger aktiv in meinem Umfeld weiter.					
		trifft voll zu	trifft zu	weder noch	trifft nicht zu	trifft gar nicht zu	Gesamt
Generationszugehörigkeit	erste Generation	2	2	7	3	1	15
	zweite Generation	10	16	33	20	15	94
	dritte Generation	0	6	17	7	9	39
Gesamt		12	24	57	30	25	148

Tabelle 12: aktive Weiterempfehlung nach Generationen, eigene Darstellung

Generationszugehörigkeit * Ich werde auf jeden Fall bei meinem jetzigen Stromversorger bleiben. Kreuztabelle

Anzahl

		Ich werde auf jeden Fall bei meinem jetzigen Stromversorger bleiben.					
		trifft voll zu	trifft zu	weder noch	trifft nicht zu	trifft gar nicht zu	Gesamt
Generationszugehörigkeit	erste Generation	3	3	5	3	1	15
	zweite Generation	10	25	36	22	2	95
	dritte Generation	1	16	15	5	2	39
Gesamt		14	44	56	30	5	149

Tabelle 13: Wechselabsicht nach Generationen, eigene Darstellung

Frage 14: Kommunikation/ Verbundenheit	erste Generation (MW)	zweite Generation (MW)	dritte Generation (MW)	MW gesamt
Ich würde es begrüßen, wenn mein Stromversorger in türkischer Sprache wirbt. (a)	2,07	2,17	2,21	2,17
Ich würde es begrüßen, wenn Informationsmaterialien (Broschüren, Rechnungen, etc.) in türkischer Sprache erhältlich wären. (b)	2,00	2,14	2,18	2,14
Ich würde es begrüßen, wenn ich mit den Mitarbeitern meines Stromversorgers türkisch sprechen könnte. (c)	1,73	2,10	2,24	2,10
Eine Ansprache in meiner Muttersprache würde mich bestärken bei meinem Stromversorger zu bleiben. (d)	1,93	2,52	2,87	2,55
Ich fühle mich zur Türkei hingezogen bzw. verbunden. (e)	1,86	2,39	2,00	2,24
Ich fühle mich zu Berlin hingezogen bzw. verbunden. (f)	1,47	2,02	1,89	1,93

Tabelle 14: Kommunikative Ansprache und Verbundenheit mit Mittelwerten (MW) nach Generationen, eigene Darstellung

Generationszugehörigkeit * Wie lange leben Sie schon in Deutschland? Kreuztabelle

Anzahl

		Wie lange leben Sie schon in Deutschland?					
		bis 5 Jahre	6-10 Jahre	11-15 Jahre	16-20 Jahre	mehr als 20 Jahre	Gesamt
Generationszugehörigkeit	erste Generation	0	1	0	0	14	15
	zweite Generation	8	5	13	6	26	58
	dritte Generation	0	1	2	6	2	11
Gesamt		8	7	15	12	42	84

Tabelle 15: Aufenthaltsdauer in Deutschland nach Generationen, eigene Darstellung

	Anzahl Türken	
Bezirk	**in Tsd.**	**in %**
Mitte	29.082	24,70%
Neukölln	25.665	21,80%
Friedrh.- Kreuzberg	22.560	19,16%
Tempelh.- Schöneb.	13.471	11,44%
Charlbg.- Wilmersdorf	7.255	6,16%
Spandau	7.145	6,07%
Reinickendorf	6.538	5,55%
Steglitz- Zehlendorf	3.405	2,89%
Pankow	895	0,76%
Treptow- Köpenick	748	0,64%
Lichtenberg	578	0,49%
Marzahn- Hellersd.	394	0,33%
Gesamt	**117.736**	**100,00%**

Tabelle 16: türkische Staatsangehörige am 31. Dezember 2005 nach Bezirken, eigene Darstellung, in Anlehnung an Statistisches Jahrbuch, (StJ, 2006, S. 43)

E Varianzanalyse

Varianzanalyse Fragen 9 bis 14			
Frage	**Levene- Test**	**Signifikanz (p)**	**Varianzanalayse**
Frage 9 (a-d)			
a) Ich überlege mir die Wahl des Stromanbieters gründlich.	0,65	0,69	0,005
b) Ich überlege mir die Wahl des Tarifs gründlich.	0,921	0,68	0,005
c) Ich informiere mich mindestens monatlich über die Angebote anderer Stromversorger.	0,196	**0,037**	0,045
d) Ich informiere mich mindestens monatlich über die unterschiedlichen Tarife meines Stromversorgers.	0,067	**0,032**	0,049
Frage 10 (a-f)			
a) Ich bin mit meinem Stromversorger zufrieden.	0,018	0,677	0,005
b) Ich bin mit der Zuverlässigkeit der Stromversorgung zufrieden.	0,031	0,877	0,002
c) Ich bin mit den Serviceleistungen meines Stromversorgers zufrieden.	0,002	0,441	0,011
d) Mein Stromversorger informiert mich ausreichend über Preise und Tarife.	0,037	0,406	0,012
e) Ich bin mit der Verständlichkeit der Abrechnung meines Stromversorgers zufrieden.	0,192	0,74	0,004
f) Ich bin mit der Kundenberatung meines Stromversorgers zufrieden.	0,066	0,965	0
Frage 11			
seriös/ unseriös	0,017	0,081	0,035
vertrauensvoll/ nicht vertrauensvoll	0,087	0,971	0
kompetent/ inkompetent	0,081	0,366	0,014
innovativ/ altmodisch	0,199	0,92	0,001
sympathisch/ unsympathisch	0,172	0,941	0,001
teuer/ billig	0,201	0,229	0,021
fair/ unfair	0,015	0,912	0,001
Frage 12 (a-e)			
a) Mir ist wichtig, dass sich mein Stromversorger für die Umwelt einsetzt.	0,654	0,53	0,009
b) Mir ist wichtig, dass sich mein Stromversorger gesellschaftlich engagiert.	0,835	0,226	0,021
c) Mir ist wichtig, dass sich mein Stromversorger sozial engagiert.	0,745	0,319	0,016
d) Mir ist wichtig, dass mein Stromversorger guten Service anbietet	0,906	0,671	0,006
e) Mir ist wichtig, dass mein Stromversorger preiswerten Strom anbietet.	0,412	0,925	0,001

Frage 13 (a-f)			
a) Ich vertraue meinem Stromversorger.	0,597	0,728	0,004
b) Mein Stromversorger wird mich auch in Zukunft mit Strom versorgen.	0,206	0,178	0,024
c) Mein Stromversorger wird auch in 5 Jahren noch am Markt existieren.	0,461	0,819	0,003
d) Ich werde auf jeden Fall bei meinem jetzigen Stromversorger bleiben.	0,312	0,964	0
e) Ich werde meinen Stromversorger in Zukunft weiterempfehlen.	0,94	0,087	0,033
f) Ich empfehle meinen Stromversorger aktiv in meinem Umfeld weiter.	0,569	0,185	0,023
Frage 14 (a-f)			
a) Ich würde es begrüßen, wenn mein Stromversorger in türkischer Sprache wirbt.	0,013	0,915	0,001
b) Ich würde es begrüßen, wenn Informationsmaterialien (Broschüren, Rechnungen, etc.) in türkischer Sprache erhältlich wären.	0,03	0,862	0,002
c) Ich würde es begrüßen, wenn ich mit den Mitarbeitern meines Stromversorgers türkisch sprechen könnte.	0,655	0,305	0,016
d) Eine Ansprache in meiner Muttersprache würde mich bestärken bei meinem Stromversorger zu bleiben.	0,803	**0,04**	0,044
e) Ich fühle mich zur Türkei hingezogen bzw. verbunden.	0,052	0,103	0,031
f) Ich fühle mich zu Berlin hingezogen bzw. verbunden.	0,418	0,163	0,025

Tabelle 17: Varianzanalyse der empirischen Studie Fragen, eigene Darstellung

F Scheffé-Tests

Mehrfachvergleiche

Abhängige Variable: Ich informiere mich mindestens monatlich über die Angebote anderer Stromversorger.
Scheffé

(I) Generationszugehörigkeit	(J) Generationszugehörigkeit	Mittlere Differenz (I-J)	Standardfehler	Signifikanz	95% Konfidenzintervall Untergrenze	95% Konfidenzintervall Obergrenze
erste Generation	zweite Generation	-,19	,352	,868	-1,06	,68
	dritte Generation	-,77	,387	,140	-1,73	,19
zweite Generation	erste Generation	,19	,352	,868	-,68	1,06
	dritte Generation	-,59	,246	,062	-1,19	,02
dritte Generation	erste Generation	,77	,387	,140	-,19	1,73
	zweite Generation	,59	,246	,062	-,02	1,19

Tabelle 18: Scheffé-Test Frage 9c, eigene Darstellung

Mehrfachvergleiche

Abhängige Variable: Ich informiere mich mindestens monatlich über die unterschiedlichen Tarife meines Stromversorgers.
Scheffé

(I) Generationszugehörigkeit	(J) Generationszugehörigkeit	Mittlere Differenz (I-J)	Standardfehler	Signifikanz	95% Konfidenzintervall Untergrenze	95% Konfidenzintervall Obergrenze
erste Generation	zweite Generation	-,36	,362	,608	-1,26	,53
	dritte Generation	-,87	,388	,087	-1,83	,10
zweite Generation	erste Generation	,36	,362	,608	-,53	1,26
	dritte Generation	-,50	,226	,086	-1,06	,05
dritte Generation	erste Generation	,87	,388	,087	-,10	1,83
	zweite Generation	,50	,226	,086	-,05	1,06

Tabelle 19: Scheffé-Test Frage 9d, eigene Darstellung

Mehrfachvergleiche

Abhängige Variable: Eine Ansprache in meiner Muttersprache würde mich bestärken bei meinem Stromversorger zu bleiben.
Scheffé * Die mittlere Differenz ist auf der Stufe ,05 signifikant.

(I) Generationszugehörigkeit	(J) Generationszugehörigkeit	Mittlere Differenz (I-J)	Standardfehler	Signifikanz	95% Konfidenzintervall Untergrenze	95% Konfidenzintervall Obergrenze
erste Generation	zweite Generation	-,59	,336	,221	-1,42	,24
	dritte Generation	-,94(*)	,369	,043	-1,85	-,02
zweite Generation	erste Generation	,59	,336	,221	-,24	1,42
	dritte Generation	-,35	,233	,331	-,92	,23
dritte Generation	erste Generation	,94(*)	,369	,043	,02	1,85
	zweite Generation	,35	,233	,331	-,23	,92

Tabelle 20: Scheffé-Test Frage 14d, eigene Darstellung